HVDC 水电孤岛系统功率频率稳定性分析与控制研究

张广涛　卢　娜　程远楚　著

黄河水利出版社

·郑州·

内 容 提 要

本书结合高压直流输电(High Voltage Direct Current,HVDC)水电孤岛系统工程实际,针对 HVDC 水电孤岛系统在调速器独立控制孤岛频率时的频率稳定性、HVDC 水电孤岛系统功率调节特性和 HVDC 水电孤岛系统对受端的一次调频特性等三个涉及 HVDC 水电孤岛系统的有功频率稳定性及控制问题进行了深入研究。

本书可供水力发电专业、高压直流输电专业的相关设计、运行、科研部门工作人员使用,也可供水利水电院校师生参考使用。

图书在版编目(CIP)数据

HVDC 水电孤岛系统功率频率稳定性分析与控制研究/张广涛,卢娜,程远楚著.—郑州:黄河水利出版社,2020.5
ISBN 978 - 7 - 5509 - 2667 - 7

Ⅰ.①H… Ⅱ.①张…②卢…③程… Ⅲ.①智能控制 - 电网 - 电力系统调度 Ⅳ.①TM76

中国版本图书馆 CIP 数据核字(2020)第 083649 号

出 版 社:黄河水利出版社   网址:www.yrcp.com
　　　地址:河南省郑州市顺河路黄委会综合楼 14 层   邮政编码:450003
发行单位:黄河水利出版社
　　　发行部电话:0371 -66026940、66020550、66028024、66022620(传真)
　　　E-mail:hhslcbs@ 126. com
承印单位:虎彩印艺股份有限公司
开本:787 mm ×1 092 mm　1/16
印张:8.5
字数:157 千字
版次:2020 年 5 月第 1 版   印次:2020 年 5 月第 1 次印刷
定价:48.00 元

前　言

　　近年来,国民经济快速发展,但生态环境趋于恶化,清洁能源发电逐渐引起人们的普遍关注。高压直流输电(High Voltage Direct Current,HVDC)相比于交流输电在远距离大容量输电方面具有经济上和技术上的独特优势,因此其应用日益增多。在采用送端孤岛运行方式时,水电基地经 HVDC 送电到负荷中心型电力系统(HVDC 水电送端系统)不会因直流故障对送端附近主网产生扰动,使得其电能输送能力大幅提高,故在一些工程中,送端孤岛运行方式被设计为基本运行方式。除设计孤岛运行方式外,当联网运行的 HVDC 水电送端系统在其送端与附近主网的联络线因检修或故障跳开时也将进入孤岛运行方式。因此,随着越来越多 HVDC 水电送端系统的建设和运行,对送端孤岛方式下的系统(HVDC 水电孤岛系统)稳定性问题的深入研究,已成为确保远离负荷中心的巨型水电基地得以充分开发和安全运行的迫切需要。

　　HVDC 水电孤岛系统的有功频率稳定性及控制研究能够解答 HVDC 水电送端系统能否采用孤岛运行方式,如何保证孤岛运行方式下的系统频率响应具有绝对稳定性、足够的相对稳定性和良好的动态响应性能,如何保证功率调节对孤岛系统的扰动较小,能否利用送端大量水电容量为受端主网提供一次调频支撑等关键科学问题,对于确保孤岛系统中水电机组的安全稳定运行、HVDC 水电孤岛系统的可靠供电和主网的安全稳定运行具有重要意义。

　　本书针对 HVDC 水电孤岛系统有功频率稳定性研究和工程应用中的科学问题及关键技术难点,在全面分析系统有功频率稳定性相关研究和工程应用现状的基础上,凝练出 HVDC 水电孤岛系统频率控制和功率调节中亟待解决的几个关键问题,包括:①HVDC 水电孤岛系统在调速器独立控制孤岛频率时的频率稳定性问题;②HVDC 水电孤岛系统功率调节特性问题;③HVDC 水电孤岛系统对受端系统的频率调节特性问题。

　　针对上述三个问题,本书结合某 HVDC 水电孤岛系统工程实际,首先研究构建了能够详细模拟水轮机调节系统、发电机及其励磁系统、HVDC 及其基本控制系统的大波动数学模型和小干扰状态空间模型,搭建了数值仿真平台,并进行了仿真验证。随后,结合小干扰特征值分析、高阶系统数值稳定域求解、系统主导根轨迹相对稳定性与动态特性分析、时域仿真、最优控制等电力系统分析中经过实践检验的可靠理论和方法,对 HVDC 水电孤岛系统中的孤岛频率稳定性、系统功率调节特性及控制进行了系统而深入的研究；在掌握 HVDC 水电孤岛系统的频率、功率稳定及控制特性的基础上，进一步拓展研究了基于直流附加频率控制的 HVDC 水电孤岛系统对受端电网的一次调频控制特性，通过仿真初步验证了其有效性。

　　书中的研究结果可用于指导工程实践，也可作为进一步研究的基础。下面简要介绍本书的主要内容、部分结论及需要进一步开展的工作。

一、本书的主要研究内容及部分结论

（一）HVDC 水电孤岛系统模型研究

　　针对 HVDC 水电孤岛系统对象特性及稳定性分析需要，研究并建立了 HVDC 水电孤岛系统有功频率各子系统数学模型，对水轮机和 HVDC 的模型类别和特性进行了重点分析，建立了能够模拟水轮机调节系统特性、发电机电磁暂态特性、励磁电压调节特性、HVDC 准稳态和直流基本控制器特性的大波动非线性数学模型；在该模型基础上建立了小干扰状态空间模型；搭建了大波动模型和小干扰模型的数值仿真平台，并进行了验证，为系统稳定性分析和控制研究奠定了基础。

（二）HVDC 水电孤岛系统的频率稳定性研究

　　针对工程实践中 HVDC 水电孤岛系统调速器独立控制孤岛频率方式下的稳定性尚不明确这一情况，分析了系统在该方式下的绝对稳定性、相对稳定性和动态特性；研究了某实际工程中将联网调速器参数作为孤岛调速器参数时的系统调频特性，得出了孤岛方式下直接使用联网调速器参数，可能使系统具有较差动态品质的结论。

　　研究了不同负荷水平下的调速器参数稳定域，结果表明：①系统在各个负载水平下均具有较宽广的稳定域，通过在稳定域内进行参数设置，可以实现调速器独立对孤岛系统频率的稳定控制；②孤岛系统中调速器参数与稳定域变化间的关系存在规律，即随 K_d 从 0 逐渐增大，K_p—K_i 稳定截面出现慢速增大—快速增大—慢速减小—快速减小到封闭的特性；③系统频率稳定性随功率水平下降而大幅提升，降低运行功率水平可以作为紧急情况下提高系统频率稳定性的有效措施；④微分项的加入能够提高孤岛系统的频率稳定性（实际应用时，应考虑噪声对微分项输出的影响）。

　　研究了不同负载水平下的调速器参数与系统相对稳定性的关系，结果显示，系统相对稳定性与调速器参数间存在规律：相对稳定性随参数从 0 增加而先逐渐升高，在达到某一阈值后，随参数继续增加而降低。

　　研究了不同负载水平下的调速器参数与系统阻尼特性的关系，结果显示，系统共轭主导根的阻尼在主导根为复数的参数范围内,随参数从 0 增加而先逐渐升高,达到某一阈值后,随参数继续增加而降低,系统阻尼达到或最接近推荐阻尼比范围的参数范围一般出现在系统共轭主导根接近其轨迹左侧极限时的区域,对应相对稳定性将要达到最高或从最高返回一定距离的参数范围。

(三)HVDC 水电孤岛系统功率调节特性及控制研究

针对 HVDC 水电孤岛系统功率调节对孤岛频率有较大扰动问题,研究了该系统的功率调节特性及控制,建立了系统功率调节大波动数学模型和仿真平台;研究了系统在 ITAE 指标最优参数条件下的功率调节特性,结果显示,在系统采用阶跃给定调节功率时,原动机功率响应为慢速机电过程,持续时间在数秒到数十秒之间,响应过程与导叶开度动作过程一致,一般表现为先快速单向变化,再慢速调整到稳态值;电磁功率和直流功率的响应为快速暂态过程,调节时间在数十毫秒左右,对调速系统而言,类似于施加了负载(电磁功率)阶跃扰动。

在此基础上,提出了一种考虑原动机功率输出特性、电磁功率特性和直流输送功率特性的直流功率给定处理方法,试验表明,该方法能够有效改善功率调节引起的频率波动响应,优化系统动态品质,提高系统稳定性。

(四)HVDC 水电孤岛系统对受端电网的一次调频控制研究

针对 HVDC 水电孤岛系统中大量水电容量对受端电网一次调频没有贡献的情况,研究了系统对受端电网的一次调频调节可行性,建立了 HVDC 水电孤岛系统对受端系统的一次调频控制模型和仿真平台;研究了基于直流附加频率控制策略的 HVDC 水电孤岛系统对受端的一次调频策略,结果显示,该种方式可行,但实施中应注意其对送端系统频率稳定的不利影响。这一部分研究为充分利用 HVDC 水电孤岛系统中的大量水电容量参与主网一次调频提供了理论依据。

二、需要进一步开展的工作

HVDC 水电孤岛系统是一个十分复杂的多物理过程耦合非线性系统,尽管本书在该系统的稳定性与控制方面进行了一定的研究,取得了一定的成果,但仍有大量研究和实践工作需要继续开展。特别是,根据现行的"两个细则",各大网省公司趋于对外部送电征收辅助服务分摊费用,有必要尽快开展 HVDC 水电孤岛系统响应受端电网一次调频和 AGC 的试验、应用研究。具体需要进一步开展的工作包括以下几个方面

(一)HVDC 水电孤岛系统响应受端电网一次调频需求

考虑到 HVDC 水电孤岛系统一般包含大量的水电容量,该系统对受端电网的一次调频支撑具有巨大的经济效益,本书对其展开了初步研究,而对于诸如系

统对受端的一次调频动态性能要求对送端的频率稳定的影响,HVDC 水电孤岛系统对受端的一次调频贡献评价与经济分析等的问题仍有待进一步深入研究。通过开展直流孤岛系统响应一次调频需求试验,测试并应用该项技术响应受端电网一次调频需求。

(二)HVDC 水电孤岛系统响应受端电网 AGC 需求

理论上,既然 HVDC 水电孤岛系统可以响应一次调频功率需求,推测也可以用来响应 AGC 功率需求。原因是 HVDC 水电孤岛系统的功率响应,最终均是作用到送端水电机组出力上来的,而水电机组天然具有变负荷速率快的优势,用于响应 AGC 功率需求,能够提高受端电网的安全运行水平。

(三)采用基于模型的多变量控制方法提升 HVDC 水电孤岛系统调节品质

研究中发现,通过考虑机组机械功率、电磁功率、直流输送功率等具有各自不同特点的功率之间的协调,能够显著提高 HVDC 水电孤岛系统这类水—机—电—磁—电力电子器件耦合的复杂系统的功率调节特性。鉴于多输入多输出(MIMO)模型预测控制(MPC)等基于模型的多变量控制方法这类本身即针对多输入多输出系统,且能够通过数学模型来反映不同系统间的耦合关系,推测该类基于模型的多变量系统控制应用于 HVDC 水电孤岛系统能够实现更优良的控制效果。

在本书完成的过程中,得到了武汉大学陈光大教授、蔡维由教授、肖志怀教授等学者的指导和帮助,在此表示诚挚谢意。

由于作者学识、水平、经验所限,书中疏漏和不当之处在所难免,恳请读者多多指正。

作　者
2020 年 2 月于郑州

目 录

1 绪 论

1.1 研究背景

随着国民经济的快速发展和人民生活水平的逐渐提高,社会对能源的需求量日益增大;与此同时,煤炭、石油等化石能源的使用也随之不断增加,由此造成的环境污染和生态恶化问题渐趋突出,这将不可避免地产生经济发展与生态环境恶化之间的尖锐矛盾,并严重威胁人类生存和社会经济可持续发展。而可再生能源的充分开发作为解决上述矛盾的关键所在,目前已经引起了世界各国的高度重视,并成为很多国家能源战略的重要组成部分。由此看来,可再生能源利用已经成为关乎经济发展、人民健康的重大问题。

在常见的可再生能源技术中,水力发电技术最为成熟,同时水力发电也是目前和今后相当长一个时期内可再生能源发电中的主力电源。据统计,截至2018年底,全球水力发电总装机容量约1 132 GW,约占世界可再生能源总装机容量2 378 GW的47.6%(约1 141 GW),发电量占新能源发电量的60%,占各类电源总发电量的15.8%。水力发电一直以来是我国第二大电源,也是可再生能源中的第一大电源,在各个时期均被列为国家能源战略中的优先开发对象。截至2018年,我国水电总装机容量和发电量已连续多年位居世界首位。因此,对水力发电过程的研究具有重要现实意义。

水力发电主要涉及两大基本过程:一是无功—电压过程,该过程主要依靠励磁调节装置根据电压指令或无功指令控制发电机的励磁电压,实现对电压或无功的调节,目前该领域的研究已经较为成熟;二是有功—频率过程,该过程主要依靠水轮机调速装置根据频率、开度或功率指令来控制原动机导叶开度,从而调节原动机能量输入,实现对机组输出功率和频率的调节,受限于水轮机能量转换过程的复杂性和有功—频率过程中水力—机械—电磁等不同物理过程的非线性耦合特性,该领域尚待进一步研究。

水轮机调节系统是水电机组最重要的控制系统之一,承担着对水力发电过程中有功—频率过程的控制任务。该系统一般包括调速器及其随动系统、水轮机及其压力过水系统、发电机及负载等部分。水轮机调节系统的控制特性决定了水力发电过程的频率稳定性、功率调节稳定性、有功—频率扰动动态响应特性等,然而水轮机调节系统是一个非线性、多输入多输出、参数时变、非最小相位的控制系统,其特性十分复杂,且随工况改变而剧烈变化,这给水轮机调节系统的稳定可靠控制带来较大困难,故对水轮机调节系统的稳定性和控制进行深入研究具有重要意义。

从国内能源基地与负荷中心分布情况看,我国存在能源资源与负荷中心逆向分布的特点,水电能源主要集中在西南等地区,而负荷中心则主要位于东部和南部沿海地区,这种特点有力地推动了我国远距离大容量输电的快速发展。常见输电技术中的 HVDC(本书的 HVDC 包含特高压直流输电和其他等级的高压直流输电)在远距离(600~800 km 以上)大容量电力输送方面除可靠性满足工程需要外,相比于高压交流输电,还具有经济性更好和大幅节约输电走廊资源的显著优势。因此,为实现电源基地向远方负荷中心的经济可靠输电,HVDC 输电得到了越来越广泛的应用。

随着金安桥、小湾、向家坝、溪洛渡、锦屏、金沙江水电基地等大型电源基地的陆续开发,电源基地经 HVDC 送电到负荷中心型电力系统(简称电源基地—HVDC 系统)日益增多,此类型电力系统可在不提高沿线交流输电系统输送容量、电压等级等指标的条件下,直接从电源基地输送大量电力到负荷中心,故得到了广泛应用。

电源基地—HVDC 系统常因两种情况进入送端孤岛运行方式:一是,设计孤岛运行,为提高 HVDC 安全输送能力,降低直流故障后潮流转移对附近交流主网的扰动,很多工程将孤岛运行方式设计为基本运行方式之一;二是,在送端与当地主网间的联络线因检修或故障跳开后,系统也会进入送端孤岛运行方式。此外,当送端附近主网相比于电源基地容量很小时,为避免"大机小网"现象,也会选择送端孤岛运行方式。

然而,在直流送端孤岛运行方式下,送端系统惯量小,承受扰动能力较弱,加之缺少负荷调频效应和主网机组的功率支撑,系统稳定域缩小,稳定性恶化,在各种交流、直流扰动或故障下容易发生频率不稳定现象,这将危及电源基地—HVDC 系统的稳定运行,影响电网方式安排,甚至对主网造成重大危害。随着我国电源基地—HVDC 系统建设的逐渐增多,电源基地—HVDC 系统送端孤岛运行方式下的有功频率稳定性与控制问题的研究具有更加重要的意义。

天广直流、云广直流等多个水电送端 HVDC 系统在送端孤岛运行试验中均出现过频率异常波动现象,暴露出直流孤岛运行中存在调速系统频率控制稳定性问题,初步分析显示,直流孤岛运行方式下的水轮机调节系统稳定性与联网工况下存在较大不同,需要进行深入研究。此外,与传统水轮机调节系统稳定性问题相比,直流送端孤岛系统中机组的调速器与直流附加频率控制器在一定工况下可能同时对系统频率进行调节,二者控制作用的相互耦合与干扰也会对水轮机调节系统的稳定性产生影响,这增加了问题的复杂性。

本书正是在我国水电基地送端—HVDC 系统陆续开发的背景下,针对水电机组和 HVDC 系统安全稳定运行面临的科学问题及关键技术难题,结合小干扰特征值分析理论和复杂系统建模仿真方法对孤岛运行方式下的水电送端—HVDC 系统(简称 HVDC 水电孤岛系统)频率稳定性、功率调节特性及该系统对主网的一次调频特性进行研究,研究了 HVDC 水电孤岛系统模型特性,全面系统地分析了 HVDC 水电孤岛系统在调速器独立作用下的频率稳定特性,深入开展了 HVDC 水电孤岛系统功率调节特性及控制研究,并进一步探讨了 HVDC 水电孤岛系统对受端主网的一次调频功能,对全面认识水电机组在直流孤岛系统中的特性及直流功率频率动态特性,维护水电机组、HVDC 系统及主网的安全稳定运行,保障水利枢纽、直流系统与主网安全,促进经济、社会、生态环境和谐发展,具有重要的理论意义和工程应用价值。

1.2 HVDC 水电孤岛系统有功频率特性研究概述

1.2.1 HVDC 水电孤岛系统及其发展

水力发电的历史在国际上可以追溯到 19 世纪 80 年代左右,国内水电事业则始于 1912 年投运的石龙坝水电站。早期的水能电力主要经高压交流线路输送到负荷中心,直到 20 世纪 50 年代,为将本土廉价水能电力输送到哥特兰岛,世界上首个 HVDC 工程开始在瑞典兴建,并于 1954 年投入商业运行,这标志着高压直流输电正式从实验室走向工业现场。从此,随着电力电子技术、计算机技术和控制理论的迅速发展,HVDC 技术日益成熟,可靠性逐步提高,HVDC 工程的建设费用和运行能耗不断下降。凭借在经济和技术上的独特优势,HVDC 技术在远距离大容量输电和大电网异步互联领域得到了广泛的应用。

HVDC 水电送端系统是 HVDC 在远距离大容量输电领域的典型应用之一,主要指送端为水电基地,输电方式为 HVDC 系统的电力系统。随着国内外远离负荷中心的大型水电基地的陆续开发和 HVDC 技术的日益成熟,该型系统得到了快速发展。当送端交流系统与附近的交流主网交流联系断开时,HVDC 水电送端系统便成为 HVDC 水电孤岛系统,如图 1-1 所示,这种系统可消除直流故障后潮流转移对附近主网的影响,在改善远距离送电系统稳定性、提高输电能力方面具有独特优势,因而得到了广泛的研究与应用。

HVDC 水电孤岛系统在国际上的应用较早,大致始于 20 世纪 70 年代左右,

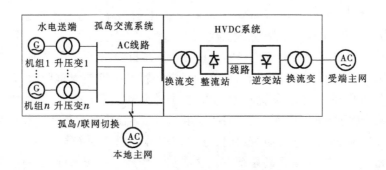

图 1-1 HVDC 水电孤岛系统示意图

在已投运的系统中,比较有代表性的为 1972 年开始投运的加拿大 Neilson 河水电基地—HVDC 系统和 1986 年开始投运的巴西伊泰普巨型水电站—HVDC 系统。此外,在建和拟建的水电送端 HVDC 系统,主要集中于印度等发展中大国。国内 HVDC 水电孤岛系统的应用相对较晚,但发展十分迅猛,目前在最高额定电压等级和最大额定功率方面已屡次刷新世界记录。20 世纪 80 年代,我国开始建设 HVDC 工程,第一个水电送端 HVDC 工程为 1990 年双极投运的葛洲坝电站—上海南桥 HVDC 工程,随后兴建的天生桥水电站—广州 HVDC 工程在 2001 年双极投运,三峡电站—江苏常州 HVDC 工程在 2003 年双极投运,三峡电站—广东 HVDC 工程在 2004 年投运,三峡电站—上海 I HVDC 工程在 2006 年投运,溪洛渡右岸电站—广东 HVDC 工程在调试之中,特别是 2010 年投运的向家坝水电站—上海特高压直流工程(6 400 MW)和小湾、金安桥水电站—广东特高压直流(云南—广东直流)(5 000 MW)标志着我国建成了当时世界上电压等级最高和额定功率最高的高压直流输电工程。此外,一大批水电基地—HVDC 系统仍在建设或规划之中。

1.2.2 水轮机调节系统有功频率特性

HVDC 水电孤岛系统中的水轮机调节系统是孤岛系统频率(转速)的主要控制系统,其稳定性和动态品质在很大程度上决定了 HVDC 水电孤岛系统的有功频率稳定性和动态性能。水轮机调节系统的有功频率特性研究对于揭示水力发电过程内在规律,确保有功频率控制过程稳定,提高有功频率过程动态响应性能,实现机组乃至电力系统安全、稳定、优质运行具有重要意义。为此,学者们对水轮机调节系统进行了深入研究。

水轮机调节系统是一个具有非最小相位、参数时变等特性的复杂非线性系统,其研究难点和热点主要包括模型测试与辨识、调速器参数优化及先进控制策略研究、水轮机调节系统稳定性研究等方面。

1.2.2.1 模型测试与辨识

模型测试与辨识主要用于解决水轮机控制系统稳定性分析、控制策略设计、控制参数优化等研究中的水轮机模型精确构建问题。水轮机既是水电站能量转换的核心设备,也是水轮机调节系统的控制对象,其数学模型准确与否,直接影响研究结果的有效性,为建立精确的水轮机调节系统数学模型,许多专家和学者在水轮机调节系统的模型参数测试和模型辨识方法及其应用等方面展开了深入研究。

1. 模型参数测试

在水轮机调节系统模型测试方面,主要进行了基于厂家资料的机组调速系统建模与动、静特性参数测试及基于简化非线性模型的测试等工作,如文献[63]总结了国内普遍使用的水轮机微机调速器的常见调节器和随动系统模型结构,指出在建模时应按照实际装置调节器模型和随动系统结构建模;文献[64]研究了应用于电力系统稳定分析的水轮机调节系统模型,认为理想水轮机模型过于简化,机械液压式调速器模型不能反映实际 PID 调速器特性,提出了一种基于实测数据辨识方法的改进模型;文献[65]结合某实际巨型水电机组模型测试工作,基于现场扰动测试和静特性测试方法,建立了具有详细调速器和随动系统模型的水轮机调节系统数学模型,并给出了仿真与实测的响应对比,表明测试模型响应与实测结果一致;文献[66]研究了水轮机调速系统模型参数辨识问题,采用 IEEE 简化非线性模型结构,并利用遗传算法进行了调速系统参数辨识,与现场实测对比显示辨识参数仿真结果与实测结果吻合较好。文献[67]通过实测获取调速器模型参数,并利用改进粒子群算法寻优获取引水系统–水轮机模型参数,在此基础上,建立了非线性水轮机调节系统模型。研究表明,该模型的仿真结果与实测数据吻合度较高。

2. 模型辨识方法及其应用

水轮机调节系统模型辨识是当前水力发电相关研究的一个热点,主要思路为基于各种搜索算法对已知模型结构含待定参数的系统进行参数寻优,以找到使系统输出最接近参考过程的模型参数,如文献[68]研究了水轮机调节系统模型结构和参数辨识问题,提出了一种基于混沌优化的 T—S 模糊模型一体化辨识方法,对比仿真表明所提出的方法具有较高的辨识精度。文献[69]进行了基于自适应模糊神经网络的水轮机水头—流量特性辨识研究,结果表明,所提出的辨识方法能够有效地辨识水轮机特性。文献[21]采用改进重力搜索优化算法和多信号加权目标函数进行了水轮机调节系统非线性模型的参数辨识,结果显示,所采用的方法具有很高的辨识精度。

1.2.2.2 调速器参数优化及先进控制策略研究

调速器是水轮机调节系统的控制器,决定着水轮机调节系统的绝对稳定性、相对稳定性和动态特性。调速器的控制规律是影响调速器特性的关键因素,其控制策略的调整和参数的选择是在机组和调速器安装后,确保机组安全稳定运行,并具有较好动态特性的主要途径。因此,一直以来,调速器控制规律的研究都是水轮机调节系统研究的热点。

调速器控制规律包含控制策略与控制参数,不同的控制策略需要与之相对应控制参数。21 世纪初,控制领域掀起了智能控制理论的研究热潮,有学者认为这将引起控制领域继经典控制理论、现代控制理论后新的突破,但工程应用界选用控制策略时往往更加注重其可靠性和方便性。智能控制在水轮机调节系统中的应用也曾被广泛研究,然而,虽然智能控制规律普遍能够获得优于常规PID 控制器的动态特性,但基于 PLC 的水轮机调速器的硬件条件限制了它在实际工程中的应用,以至于至今仍然未见基于智能控制规律的水轮机调速器的相关报道,这使得当前对水轮机调节系统智能控制的研究热度有所降低,人们进而再次转向常规 PID 调速器的参数优化研究及比较实用的先进控制策略(如变结构控制、模糊 PID 控制等)研究。结合已经渐趋成熟的启发式寻优算法或不断涌现的新方法,对调速器 PID 参数或实用先进控制策略的参数进行优化研究,因其使用方便、优化效果显著,而得到了大量学者的关注。例如,文献[24]研究了基于菌群—粒子群法和改进 ITAE 指标的线性水轮机调节系统的调速器参数优化,该方法的参数优化结果可改善空载工况和孤网运行条件下过渡过程的动态性能;文献[70]采用改进 PSO 算法和 ITAE 指标对线性水轮机调节系统进行了调速器参数优化,优化后的参数可改善孤网运行条件下的调节系统的过渡过程动态性能;文献[22]采用 PSO 算法和 ITAE 指标分别研究了含线性水轮机模型和 IEEE 简化非线性水轮机模型两种原动机模型的调速器参数优化,结果显示,原动机模型不同,优化结果不同;文献[72]、[73]针对水轮机调节系统模糊PID 控制缺乏有效通用规则的问题,采用了一种协同进化遗传算法寻找模糊规则和参数,仿真结果表明,基于该方法的模糊 PID 控制对不同工况具有鲁棒性;文献[74]在分析水轮机调节系统混沌动力学特性的基础上,研究了基于滑模变结构方法的控制策略;文献[25]采用刚性水击—线性化水轮机模型,并进一步考虑实际调速器的输入输出信号,研究了滑模变结构控制在水轮机调节系统中的应用;文献[16]提出了一种基于神经网络的水轮机调节系统自抗扰控制策略;文献[17]研究了水轮机调节系统预测控制,由动态响应结果可见,当系统参数变化大时,预测控制明显优于常规 PID 控制;文献[27]进行了一种基于改进粒子群算法的水轮机调节系统分数阶 PID 控制器设计,仿真显示该控制器和优化方法的响应结果具有更好的动态特性。文献[75]设计了一种模型预测控制器来代替水轮机调速器中的常规 PID 控制器;文献[20]研究了基于 FRIT 参数优化方法的水轮机调节系统优化控制。

1.2.2.3 水轮机调节系统稳定性研究

系统稳定性分析是回答系统在特定参数下能否稳定、相对稳定性情况和动态性能如何等问题的研究。这些特性对水轮机调节系统的安全、稳定、优质运行具有重要意义,已经引起了许多学者的持续关注。在水轮机调节系统稳定性研究中,传统的方法主要基于经典控制理论,采用根轨迹、频域分析、稳定代数判据等方法对线性化后的水轮机调节系统进行分析,揭示了水力发电过程的许多相关规律。但是,采用经典线性化稳定性分析理论的局限性也是显著的,即难以反映较大工况变化时的系统稳定性,除此之外,经典控制理论还难以分析本质非线性环节对系统稳定性的影响。针对此问题,部分学者基于现代控制理论中的非线性动力学理论对水轮机调节系统进行了稳定性分析及控制研究,并取得了很多成果。基于非线性动力学理论的一般分析步骤为:首先考虑水轮机调节系统中的某种或某几种非线性环节,如随动系统的饱和非线性、弹性水击非线性、发电机功角—电磁功率非线性(三角函数非线性)等,建立系统的非线性模型,然后采用分岔图、李雅普诺夫指数图、庞加莱截面、功率谱等工具,分析系统在可变参数变动时的不同特性。

针对工程实际中许多水电机组在特定工况下出现功率、机械振动等参数的低频振荡等具有非线性动力学特征的工程现象,一些学者从非线性水轮机调节系统动力学分析的角度试图找到这些现象与控制系统参数间的关系。文献[76]针对包含随动系统饱和非线性的水轮机调节系统展开了基于 Hopf 分岔的调速器参数稳定性研究,给出了基于 Hopf 分岔的调速器参数稳定域,该稳定域内外参数点上的时域仿真表明了结果的准确性。文献[80]对刚性水击条件下的 IEEE 简化非线性水轮机模型进行了 Hopf 分岔分析,尝试利用 Hopf 分岔过程中产生的极限环来解释水电机组运行中发现的持续振荡现象。文献[15]在IEEE 简化非线性水轮机模型基础上,进一步考虑了弹性水击非线性,由此建立了非线性水轮机调节系统模型,研究了非线性水轮机调节系统的 Hopf 分岔特性;文献[81]、[82]采用线性水轮机模型和非线性随动系统模型,得到小波动工况下的非线性水轮机调节系统模型,并基于该模型进行了调速器参数 Hopf 分岔分析;文献[74]研究了水轮机调节系统的混沌动力学特性和基于滑模变结构控制的水轮机调节系统控制策略;文献[83]研究了多机共用引水管道系统的机组间水力耦合特性与其调速器参数的关系。文献[84]基于内特性非线性水轮机模型,对水轮机调节系统进行了非线性动力学分析。文献[85]基于弹性水击非线性和改进线性水轮机模型,建立了非线性水轮机调节系统模型,并进行了非线性动力学分析。文献[86]基于弹性水击和功角—电磁功率非线性,建立了分数阶非线性水轮机调节系统模型,并进行了动力学分析。

水轮机调节系统非线性动力学分析已经取得了一些经典控制理论无法获取的成果。但是,对于高阶系统来说,无论是进行直接分析还是利用 Lyapunov-Schmidt、中心流形或规范性理论等方法降低系统阶数以后分析,都需要相当巨大的计算量,因此目前针对高阶系统的非线性稳定性研究较少。

1.2.3 HVDC 水电孤岛系统附加频率控制和功率调节

HVDC 水电孤岛系统的水能电力需要经过 HVDC 系统输送,HVDC 系统为包括换流器及其控制器、换流变及其分接头控制器、高压直流线路、滤波器、无功补偿装置及其控制器等的直流输电系统。HVDC 水电孤岛系统中与 HVDC 系统密切相关的有功频率控制研究主要包括附加频率控制和功率调节方法研究。

1.2.3.1 HVDC 附加频率控制研究

HVDC 输电的一个重要特性是其输送功率的快速可控性,基于该特性的直流附加频率控制可以改变原来直流定功率控制时直流输电对孤岛系统的负阻尼力矩特性,使其具有阻尼力矩特性,从而在孤岛系统频率波动较大时辅助原动机调速器调节系统频率,提高系统的频率稳定性,因此得到了国内外学术界和工程界的广泛关注。

对直流附加频率控制的研究,主要集中在对工程应用的总结和探讨方面,直流附加频率控制的控制器本身并不复杂,一般为 PI 控制器,还有 P、PD 或 PID 控制器,目前,研究和工程调试均肯定了附加频率控制在孤岛辅助调频方面的积极作用。例如,文献[87]、[89]总结了直流附加频率控制在 Nelson 河水电送端孤岛 HVDC 系统中的应用,指出在送端频率波动较大时,采用直流附加频率控制辅助送端调频能够有效稳定送端频率,可显著提高送端系统的频率稳定性;文献[88]指出当葛洲坝水电站—上海 HVDC 系统的两端交流系统运行在弱系统工况时,如果采用附加频率控制对一端交流系统进行功率调制,会对另一端带来不利影响,还指出,伊泰普 HVDC 系统采用了附加频率控制,在送端出现跳机大扰动时,该控制能够重新建立发电 – 负载平衡;文献[40]指出直流工程用于远离主网的水电厂电力送出时,其送端交流系统可能形成相对独立的孤岛,此时若送端原动机调节系统响应过慢或达到上限,可能造成送端系统频率崩溃,此时,可通过直流附加频率控制来稳定系统频率,该文献给出了一种 PI 型附加频率控制器,仿真结果表明,利用该控制器可以提高送端的频率稳定性;文献[41]指出高压直流输电系统采用送端孤岛运行方式可显著提升直流输送能力,而孤岛运行方式能否实施取决于孤岛系统的频率稳定性,从部分工程试验结果可以看出,采用单台机组一次调频与附加频率控制辅助调频能够有效稳定孤岛系统频率;文献[42]结合金沙江水电外送工程中的向家坝—上海±800 kV 特高压直流工程,指出水电站—高压直流输电远距离送电到负荷中心型系统在送端与当地主网联络线断开后,将进入孤岛运行方式,讨论了送端孤岛运行工况下的控制策略,提出了一种并联 PD 型直流附加频率控制器;文献[50]给出了一种基于串联校正环节的直流附加频率控制器;文献[90]提出了一种考虑不完全微分环节的并联 PID 直流附加频率控制器;文献[29]研究了直流孤岛运行方式下的送端系统频率特性及控制,提出了一种比例型直流附加频率控制器;文献[91]将一种 PI 型直流附加频率控制器用于解决"风火打捆"孤岛特高压直流输电系统中的频率稳定问题,仿真结果表明,该控制器可有效抑制孤岛电源系统频率波动,提高系统稳定性;文献[35]给出了一种比例 – 不完全微分型直流附加频率控制器;文献[43]总结了金安桥、小湾电厂孤岛送端—HVDC 系统调试过程的部分结果,显示同时采用机组一次调频和直流附加频率控制,可以稳定孤岛系统频率;文献[48]进行了 HVDC 水电孤岛系统的运行调试,指出孤岛运行方式下的送端系统频率主要由机组调速器调节,部分依靠直流附加频率控制。

理论研究和工程试验均显示了 HVDC 附加频率控制在提高孤岛系统频率稳定性方面的重要作用,但控制策略的实施方式除要考虑控制性能外,还必须考虑其控制代价,HVDC 直流附加频率控制利用直流功率的快速可控性按频率偏差调整直流输送功率水平,一般能够快速抑制交流系统频率波动,但是,以一端频率稳定为目标的直流功率调整,对另一端则表现为等量功率扰动。因此,在实际运行中,为避免 HVDC 水电孤岛系统对受端的长期功率扰动,通常利用调速器进行各种频率波动的控制,只有在频率波动较大时才启动附加频率控制辅助调频功能。采用这种方式既可充分发挥调速器调频的本职功能,防止直流附加频率控制对受端系统的长期扰动,又可在频率波动过大时暂时利用直流附加频率控制辅助调频来稳定系统频率,防止频率失稳。

1.2.3.2 HVDC 水电孤岛系统功率调节研究

工业生产和人们生活活动随时间的变化使得电力系统中负荷不断地发生改变,因此为了维持负荷与功率之间的平衡关系,保证电力系统的频率满足电能质量标准,必须相应地进行功率的调节。功率调节(对系统功率的调节在此特指通过功率控制器给定进行的主动调节,不包括一次调频所进行的自动功率调节)引起的有功功率变化将使系统频率产生一定的波动,而系统频率波动的大小与功率调节规律有很大关系,良好的功率调节方式可以最大限度地降低频率的波动、提高系统的动态性能和稳定性,因此其研究受到了许多学者的关注。对

HVDC 水电孤岛系统的功率调节研究,主要随国内多个 HVDC 孤岛送端系统的工程调试和应用展开,包括机组功率调节和直流功率调节的配合研究、机组功率调节和直流附加频率控制自动调整直流功率的协调研究等。例如,文献[52]针对 HVDC 水电孤岛系统功率调节问题,采用了先调整机组功率给定,然后通过直流附加频率控制自动调频来调整直流功率的功率调节策略,并对该策略进行了测试,结果验证了该方式的可行性。文献[43]分别进行了水电送端孤岛方式下的两种功率调节方式试验:方式一,首先通过调整调速器功率给定改变电源输出功率,然后由直流附加频率控制自动调频来调整直流输送功率;方式二,同时调整调速器功率给定和直流功率给定;试验结果表明,方式一可以实现直流功率的平稳调整,方式二调节功率时对孤岛系统频率扰动较大,超过了直流附加频率控制的频率死区。文献[45]基于 RTDS 仿真研究了 HVDC 水电孤岛系统的功率调节方式,研究结果与文献[43]的实测结果比较一致。

众多研究成果表明,在多种 HVDC 水电孤岛系统功率调节可选方式中,同时调整调速器功率给定和直流功率给定的方式可以获取较好的系统稳态特性和动态特性,因为当利用该方式进行系统功率调节时,调节结束后,直流附加频率控制的可调功率会自动返回到初始范围附近,而不会像其他方式一样在某个限值达到饱和,且如果直流和机组功率调节速率一致,理想情况下,送端频率波动会很小。然而,值得注意的是,实际采用这种方式时,调试和仿真研究中均出现了频率波动较大的情况,因此有必要对采用这种功率调节方式时引起的频率波动原因进行深入的研究,从而实现功率调节过程的优化。

1.2.4　电力系统小干扰稳定性分析方法

电力系统稳定性分析是电力系统规划、设计、运行等各个阶段处理各种稳定性及控制问题的基本依据,其结果的准确性和有效性关乎电力系统的安全稳定运行,因而电力系统稳定性分析方法的研究一直以来都受到了众多学者的广泛关注。

实际的电力系统是一种复杂的高阶非线性微分代数系统,动辄需要由成百上千个微分方程和代数方程进行描述,对其直接进行稳定性分析具有很大难度,因此目前对实际电力系统的稳定性分析仍主要采用成熟的小干扰特征值分析理论和时域仿真方法,此外,包含分岔、混沌等在内的非线性动力学理论也在一些简化的低阶系统中得到了应用。

小干扰特征值分析法通过对电力系统线性状态方程的状态矩阵特征值求取,并基于特征值与稳定性判据理论、模态解耦理论、参与矩阵理论、灵敏度矩阵理论等,深入揭示系统的小干扰稳定信息,在工程界和学术界得到了广泛应用,例如,文献[97]采用小干扰稳定性特征值分析法对大规模风场接入电力系统后的小信号稳定性进行了分析;文献[98]采用特征值分析法对高压直流输电系统进行了小信号稳定性分析;文献[99]采用特征值分析法对互联电力系统低频振荡进行了分析;文献[100]采用特征值分析法研究了水轮机调节系统对电力系统动态稳定的影响;文献[101]采用小干扰特征值法分析了微网控制系统的稳定性。

时域仿真法是一种在时域范围内分析系统特性的方法,该方法一般采用数值积分方法求取动态系统的数值解,其典型结果为系统在不同条件下的时间过程曲线。该方法理论上可以对任何复杂系统进行分析,且具有结果直观的优点,但随着系统阶数的增加,仿真计算需要更长的时间和更多的硬件资源,同时需要观察和分析更多状态量及变量之间的关系,因此在阶数很高时,时域分析将显得耗时且烦琐,一般只进行少数典型情况分析,故难以揭示系统的全面稳定特性。

非线性稳定性分析方法可以用于非线性系统的直接分析,理论上不受系统阶数限制,但是,实际上当阶数较高时,计算非线性指标将比较困难,因此目前非线性稳定分析理论在电力系统稳定分析中主要应用于简化的低阶系统,如文献[103]采用了分岔理论对含风场的电力系统进行了稳定性分析;文献[104]采用分岔理论对电力系统的电压稳定性进行了研究;文献[105]基于域理论、分岔理论和递归投影方法对电力系统的电压稳定性进行了分析。

1.2.5 孤岛运行方式下的水轮机调节系统

水轮机调节系统承担着 HVDC 水电孤岛系统送端频率控制及机组开机、停机等过程控制任务,其运行特性关系着水电机组的安全稳定运行、孤岛系统的稳定可靠供电、HVDC 水电孤岛系统的有功频率稳定,乃至主网的安全稳定运行。

尽管如此,相比于直流附加频率控制研究,HVDC 水电孤岛系统的水轮机调节系统稳定性研究尚未得到足够重视,研究成果相对较少,且已有成果通常为工程经验总结,尚未见以孤岛方式下水轮机调节系统为研究对象,深入全面揭示其内在稳定特性及控制的研究,如文献[106]针对小湾孤岛运行调速器开发,根据经验设置现场孤岛机组调速器参数,认为孤岛参数应当介于空载参数和大网参数之间;文献[31]给出了金安桥电厂孤岛方式下的调速器部分调试结果,显示该电厂调速器控制在孤岛运行方式下与联网方式下的主要区别为控制参数不同,采用孤岛调速器参数后,孤岛系统频率可以被稳定控制;文献[107]结合云广直流小湾电厂孤岛运行方式调试,研究了 HVDC 水电孤岛系统在直流停运(双极闭锁)时的调速器控制策略,提出了一种在系统直流停运后通过自动修改调速器参数来实现直流故障情况下稳定孤岛系统频率的方法,直流停运模拟试验验证了该方法的有效性;文献[18]结合官地水电站—HVDC 系统送端孤岛运行调试,研究了直流孤岛系统频率稳定问题,建立了忽略直流功率控制特性和所有电磁过程的直流孤岛系统频率分析简化模型,采用波德图方法分析了影响频率稳定的因素,结果显示,采用文中给定的调速器 PID 参数($K_p = 3.0, K_i = 1.0, K_d = 1.0$),在机组重载工况(91.6% 机组额定出力)下,调速器独立控制孤岛频率的控制策略不能稳定系统频率,附加频率控制能够稳定系统频率;文献[32]初步研究了大型水电机组与交直流互联电网的耦合作用;文献[30]研究了 HVDC 水电孤岛系统直流闭锁故障后送端系统的频率稳定性,结合直流系统的过负荷能力和快速可控性,提出了一种利用直流闭锁后的功率差额信号加快调速器开度响应的控制策略,仿真结果表明,新策略可大大限制机组的转速波动幅度,从而可以减少直流故障情况下送端水电站切机台数。

　　以上研究有利于提高孤岛方式水轮机调节系统某些工况下的稳定性,但是,目前的研究成果仍不能回答工程中观察到的调速器独立作用时的频率异常现象是否由调速器参数设置不当导致,孤岛方式下调速器的参数设置还缺乏有效的理论依据。当 HVDC 水电系统中的水电机组从一般的联网运行方式转入孤岛运行方式时,其所连接的电网特性(负载特性)将发生巨大改变,此时,水轮机调节系统的稳定特性必然随之发生变化,由此将引出一个新的问题,即水轮机调节系统在孤岛方式下将有怎样的有功频率稳定特性? 这个问题目前尚缺少系统深入的研究。

2　电力系统小干扰特征值分析理论

2.1　引　言

电力系统是由电能的生产、输送、分配和消费电气设备连接在一起而组成的整体,该系统为国民经济和人们生活提供了电能保障。电力系统稳定是电网安全运行的前提,这种稳定一旦遭到破坏,将带来巨大的经济损失,甚至引发灾难性的后果,因此电力系统稳定性研究对电网的安全稳定运行具有重要意义。

电力系统稳定性研究是对电力系统频率、电压、功角等不同状态量的静态稳定性、动态稳定性等不同稳定特性的分析。其研究对象为电力系统,该系统在数学上可以看成是一种高阶、非线性、参数时变的复杂微分代数方程系统(Differential Algebraic Equation,DAE),对其进行稳定性分析,具有很大的难度。虽然理论上可以直接采用非线性稳定性分析理论进行电力系统稳定性分析,但实际上,受计算量过大等限制,目前只能对低阶的简化系统进行非线性稳定性分析。因此,目前学术界和工程界普遍使用和认可的电力系统稳定分析方法仍为小干扰特征值分析理论和时域仿真方法。时域仿真方法为利用数值积分方法求取状态方程的数值解(时间曲线)并对该时间曲线进行分析的方法,目前该方法已经在多个领域中得到了广泛应用,但对于高阶系统来说,时域仿真方法存在计算量大和状态量多的特点,难以对结果进行全面分析。小干扰特征值分析理论为高阶系统的稳定性分析提供了强有力的理论工具,可以全面揭示系统在所研究的工况点附近的稳定特性,因而得到了广泛应用。

本书的研究对象 HVDC 水电孤岛系统,在考虑直流系统的有功频率动态特性后,属于一种高阶系统。为全面准确地揭示该系统稳定特性,本书以小干扰特征值分析方法为主要方法,同时结合时域仿真方法对 HVDC 水电孤岛系统进行了稳定性分析。作为后续章节的理论基础,本章对小干扰特征值分析理论中的典型方法和结论进行了推导和分析。

2.2　电力系统小干扰线性模型推导

电力系统本质上为一个非线性系统,若考虑电网络方程的约束,同时将控制

器方程并入状态方程,电力系统一般可用一组微分 – 代数方程(DAE)描述:

$$\left.\begin{array}{l} p\vec{x} = \vec{f}(\vec{x},\vec{y},\vec{u}) \\ \vec{0} = \vec{g}(\vec{x},\vec{y},\vec{u}) \end{array}\right\} \tag{2-1}$$

式中,$p = \mathrm{d}/\mathrm{d}t$,为时间导数算子;$\vec{x} = [x_1,x_2,\cdots,x_n]^\mathrm{T}$ 为 n 维列向量,由选定的系统状态变量组成;为区别向量与标量,本书采用字母符号上方加右向箭头表示向量,一般为列向量,不加箭头的为标量或矩阵;$\vec{y}$ 为输出向量,表示机端电压、有功等;$\vec{u} = [u_1,u_2,\cdots,u_r]^\mathrm{T}$ 为 r 维控制输入向量,由系统中各种控制器的给定组成;$\vec{f} = [f_1,f_2,\cdots,f_n]^\mathrm{T}$ 为 n 维函数向量,一般包含非线性函数;$\vec{g} = [g_1,g_2,\cdots,g_m]^\mathrm{T}$ 为 m 维代数公式向量,由电网络方程或部分控制方程组成。

　　电力系统模型中关于状态量和控制输入的代数方程组是电力系统非线性模型区别于一般微分方程系统(Ordinary Differential Equation, ODE)的一个重要特征。代数方程组的存在使电力系统模型不再是常用的微分方程,而是一个微分 – 代数方程,这使得许多基于 ODE 方法的工具在电力系统非线性分析中的应用受到限制。

　　将电力系统微分 – 代数方程(2-1)在初始工况点 $\vec{x}_0$ 附近进行泰勒级数展开,并对展开结果取一阶近似可得:

$$\left\{\begin{array}{l} p\vec{x}_\Delta = \left.\dfrac{\partial\vec{f}(\vec{x},\vec{y},\vec{u})}{\partial\vec{x}}\right|_{\substack{\vec{x}=\vec{x_0}\\\vec{y}=\vec{y_0}\\\vec{u}=\vec{u_0}}}\vec{x}_\Delta + \left.\dfrac{\partial\vec{f}(\vec{x},\vec{y},\vec{u})}{\partial\vec{y}}\right|_{\substack{\vec{x}=\vec{x_0}\\\vec{y}=\vec{y_0}\\\vec{u}=\vec{u_0}}}\vec{y}_\Delta + \left.\dfrac{\partial\vec{f}(\vec{x},\vec{y},\vec{u})}{\partial\vec{u}}\right|_{\substack{\vec{x}=\vec{x_0}\\\vec{y}=\vec{y_0}\\\vec{u}=\vec{u_0}}}\vec{u}_\Delta \\[3mm] \vec{0} = \left.\dfrac{\partial\vec{g}(\vec{x},\vec{y},\vec{u})}{\partial\vec{x}}\right|_{\substack{\vec{x}=\vec{x_0}\\\vec{y}=\vec{y_0}\\\vec{u}=\vec{u_0}}}\vec{x}_\Delta + \left.\dfrac{\partial\vec{g}(\vec{x},\vec{y},\vec{u})}{\partial\vec{y}}\right|_{\substack{\vec{x}=\vec{x_0}\\\vec{y}=\vec{y_0}\\\vec{u}=\vec{u_0}}}\vec{y}_\Delta + \left.\dfrac{\partial\vec{g}(\vec{x},\vec{y},\vec{u})}{\partial\vec{u}}\right|_{\substack{\vec{x}=\vec{x_0}\\\vec{y}=\vec{y_0}\\\vec{u}=\vec{u_0}}}\vec{u}_\Delta \end{array}\right.$$

$$(2-2)$$

　　记雅克比矩阵:$A_1 = \left.\dfrac{\partial\vec{f}(\vec{x},\vec{y},\vec{u})}{\partial\vec{x}}\right|_{\substack{\vec{x}=\vec{x_0}\\\vec{y}=\vec{y_0}\\\vec{u}=\vec{u_0}}}$,$A_2 = \left.\dfrac{\partial\vec{f}(\vec{x},\vec{y},\vec{u})}{\partial\vec{y}}\right|_{\substack{\vec{x}=\vec{x_0}\\\vec{y}=\vec{y_0}\\\vec{u}=\vec{u_0}}}$,$A_3 =$

$\left.\dfrac{\partial\vec{f}(\vec{x},\vec{y},\vec{u})}{\partial\vec{u}}\right|_{\substack{\vec{x}=\vec{x_0}\\\vec{y}=\vec{y_0}\\\vec{u}=\vec{u_0}}}$,$\quad B_1 = \left.\dfrac{\partial\vec{g}(\vec{x},\vec{y},\vec{u})}{\partial\vec{x}}\right|_{\substack{\vec{x}=\vec{x_0}\\\vec{y}=\vec{y_0}\\\vec{u}=\vec{u_0}}}$,$\quad B_2 = \left.\dfrac{\partial\vec{g}(\vec{x},\vec{y},\vec{u})}{\partial\vec{y}}\right|_{\substack{\vec{x}=\vec{x_0}\\\vec{y}=\vec{y_0}\\\vec{u}=\vec{u_0}}}$,

$B_3 = \left.\dfrac{\partial\vec{g}(\vec{x},\vec{y},\vec{u})}{\partial\vec{u}}\right|_{\substack{\vec{x}=\vec{x_0}\\\vec{y}=\vec{y_0}\\\vec{u}=\vec{u_0}}}$。

则式(2-2)可写为

$$\left.\begin{array}{l} p\vec{x}_\Delta = A_1\vec{x}_\Delta + A_2\vec{y}_\Delta + A_3\vec{u}_\Delta \\ \vec{0} = B_1\vec{x}_\Delta + B_2\vec{y}_\Delta + B_3\vec{u}_\Delta \end{array}\right\} \qquad (2\text{-}3)$$

进一步整理可得

$$p\vec{x}_\Delta = (A_1 - A_2 B_2^{-1} B_1)\vec{x}_\Delta + (A_3 - A_2 B_2^{-1} B_3)\vec{u}_\Delta \qquad (2\text{-}4)$$

$$\vec{y}_\Delta = - B_2^{-1} B_1\vec{x}_\Delta - B_2^{-1} B_3\vec{u}_\Delta \qquad (2\text{-}5)$$

记：$A = A_1 - A_2 B_2^{-1} B_1$，$B = A_3 - A_2 B_2^{-1} B_3$，$C = -B_2^{-1} B_1$，$D = -B_2^{-1} B_3$，则上式可写为标准的线性状态方程形式

$$p\vec{x}_\Delta = A\vec{x}_\Delta + B\vec{u}_\Delta \qquad (2\text{-}6)$$

$$\vec{y}_\Delta = C\vec{x}_\Delta + D\vec{u}_\Delta \qquad (2\text{-}7)$$

式中，$\vec{x}_\Delta = \vec{x} - \vec{x}_0$，为状态向量对初始平衡点的偏差，下标 Δ 表示对平衡点的偏差；A 为 n 阶状态矩阵，其特征值在复平面的分布决定系统在平衡点附近的稳定特性；B 为控制输入矩阵；$\vec{u}_\Delta$ 为 m 维控制输入偏差向量；$\vec{y}_\Delta$ 为输出向量。

这里也可以在写出系统非线性微分－代数方程组后，对每个子方程采用泰勒级数展开，并对展开结果取一阶近似线性化，最终同样可得式(2-6)和式(2-7)所示的线性状态空间模型。

2.3 线性状态矩阵特征值分析

2.3.1 特征值

状态矩阵 A 的特征值决定了该线性系统的稳定特性。由线性代数理论可知，矩阵 A 的一个特征值为使

$$A\vec{\phi} = \lambda\vec{\phi} \qquad (2\text{-}8)$$

成立的标量 λ，式中 $\vec{\phi}$ 为特征值 λ 对应的右特征向量。

式(2-8)可进一步写为

$$(A - \lambda I)\vec{\phi} = \vec{0} \qquad (2\text{-}9)$$

式中，$\vec{0}$ 为 n 维零向量。

一般要求 $\vec{\phi}$ 为非零向量，此时由行列式运算法则可知，式(2-9)等价于

$$\det(A - \lambda I) = 0 \qquad (2\text{-}10)$$

式(2-10)为线性状态空间模型下的系统特征方程，其根为系统特征根，与采用传递函数表示的系统特征多项式和特征根具有相同意义。n 维方阵有 n 个特

征值,其中可能存在重合特征值或复数特征值,且当 A 为实数矩阵时,若存在复数特征值,该特征值必然以共轭复数对的形式出现。

2.3.2　特征值与小干扰稳定性

状态矩阵的特征值与系统在初始平衡点附近的稳定性判据由李雅普诺夫第一法给出。李雅普诺夫第一法又称李雅普诺夫间接法,该方法为系统小干扰稳定性分析提供了基于状态矩阵特征值的判定条件。

李雅普诺夫第一法认为非线性系统在初始平衡点附近的稳定性与在该平衡点附近的线性近似状态矩阵 A 的特征值有如下关系:

(1)若所有特征值都有负实部,则原系统在该平衡点渐进稳定。

(2)若有一个或一个以上特征值的实部为正,则原系统在该平衡点不稳定。

(3)若有一个或一个以上特征值的实部为 0,则该方法失效,应采用其他方法判别系统稳定性。

电力系统不允许运行在等幅振荡模式下(一个或一个以上特征值实部为 0,其他特征值实部为负),故实际电力系统小干扰分析的系统稳定条件可简化为状态矩阵 A 的所有特征值实部均小于 0。

2.3.3　特征值与响应模式

系统状态矩阵的特征值即系统特征根,其在复平面的位置与系统的动态响应特性密切相关。

状态矩阵的特征值与系统动态响应模式具有如下关系:

(1)实数特征值 λ_i 对应一个指数响应模式 $e^{\lambda_i t}$,其中,负实数特征值表示衰减指数响应模式,其值越小,该响应模式指数衰减越快,而正实数特征值则对应指数不稳定响应模式。

(2)复数特征值总以共轭对形式 $\lambda = \sigma \pm j\omega_i$ 出现,每一对复共轭特征值对应一个振荡响应模式 $e^{\sigma t}\sin(\omega_i t + \theta_0)$,式中 θ_0 为初始相角,由系统初值确定,共轭特征值的实部为负,对应衰减振荡响应模式;共轭特征值的实部为正,对应振荡失稳响应模式。

共轭复数特征值对应的振荡响应可用以下三个由特征值导出的参数描述:

(1)振荡响应频率

$$f_0 = \frac{\omega_i}{2\pi} \tag{2-11}$$

其中,f_0 的单位为 Hz,表示该响应模式振荡的频率。

(2)振荡响应衰减时间常数

$$t_{\mathrm{d}} = 1 / |\sigma| \qquad (2\text{-}12)$$

其中，t_{d} 的单位为 s，表示振荡幅值衰减到 37% 初始幅值所需要的时间。共轭特征值在左半平面距虚轴越远，则瞬态响应振荡衰减时间越短，对应瞬态响应速度越快；反之，距虚轴越近，则瞬态响应振荡衰减时间越长，响应越慢。

（3）振荡响应阻尼比

$$\xi = \frac{-\sigma}{\sqrt{\sigma^2 + \omega^2}} \qquad (2\text{-}13)$$

式中，当 $\sigma < 0$ 时，阻尼比 $0 < \xi < 1$，表示系统为欠阻尼系统，此时该特征值对应一个衰减振荡响应；当 $\sigma > 0$ 时，则阻尼比 $-1 < \xi < 0$，表示系统具有负阻尼，此时该特征值对应一个振荡失稳响应模式。从阻尼比与系统绝对稳定性的角度看，系统只要出现一个负阻尼模式，随着时间增加就必然导致整个系统失稳，而只有当所有共轭复根都对应正阻尼模式，且实数特征值为负时，系统才为稳定系统。

对于欠阻尼系统而言，阻尼比 ξ 与系统的超调量和峰值时间有关，阻尼比 ξ 越大，则系统超调量越小，但峰值时间越长，这表示系统响应的速动性变差；阻尼比 ξ 越小，则系统超调量越大，但峰值时间减小。阻尼比 ξ 反映了系统瞬态响应的快速性和较小的超调量两个指标不能同时达到最优。

文献[121]进一步指出，对二阶系统而言，阻尼比 $\xi < 0.4$ 会造成系统瞬态响应的严重超调，阻尼比 $\xi > 0.8$ 则会使系统的响应变得缓慢，为获得满意的瞬态响应特性，工程上建议选择 ξ 为 $0.4 \sim 0.8$。若特征根为负实数，则该特征根对应的系统响应为过阻尼（$\xi > 1$）响应或临界阻尼（$\xi = 1$）响应，此种情况对应的阻尼比显然不在上述建议范围内。

2.3.4　模态解耦

利用直接按物理过程内在关系建立的状态方程，其状态矩阵一般为非对角阵，这反映了每个状态量的时间导数受其他状态量影响。为便于分析，一般先将原始状态方程通过矩阵变换写为解耦形式的状态方程。

将式（2-8）中的标量特征值及其对应特征向量写成矩阵形式得

$$A[\vec{\phi}_1, \vec{\phi}_2, \cdots, \vec{\phi}_n] = [\vec{\phi}_1, \vec{\phi}_2, \cdots, \vec{\phi}_n]\mathrm{dia}(\lambda_1, \lambda_2, \cdots, \lambda_n) \qquad (2\text{-}14)$$

或

$$A\Phi = \Phi\Lambda \qquad (2\text{-}15)$$

式中，$\Lambda = \mathrm{dia}(\lambda_1, \lambda_2, \cdots, \lambda_n)$ 为方阵 A 的 n 个特征值组成的对角阵；Φ 为方阵 A 的 n 个右特征向量组成的矩阵，即右特征向量矩阵，右特征向量矩阵 Φ 和与其逆矩阵 Ψ（左特征向量矩阵）统称为模态矩阵，模态（又称模式）为不同类型特征值对应的系统响应模式。

若 Φ 非奇异,则式(2-15)可写为

$$\Phi^{-1}A\Phi = \Lambda \qquad (2\text{-}16)$$

由式(2-16)可知,利用模态矩阵可将状态矩阵 A 变换成对角阵,且该对角阵的元素正是特征值。

利用模态矩阵可将原状态变量写为

$$\vec{x}_\Delta = \Phi\vec{z}_\Delta \qquad (2\text{-}17)$$

式中,$\vec{z}_\Delta$ 为解耦状态变量,为原来按物理意义定义的状态量的线性变换。

将式(2-17)代入系统状态方程(2-6)可得

$$\Phi p\vec{z}_\Delta = A\Phi\vec{z}_\Delta + B\vec{u}_\Delta \qquad (2\text{-}18)$$

若 Φ 非奇异,则式(2-18)可进一步写为

$$p\vec{z}_\Delta = \Phi^{-1}A\Phi\vec{z}_\Delta + \Phi^{-1}B\vec{u}_\Delta \qquad (2\text{-}19)$$

将式(2-16)代入式(2-19)可得解耦的状态方程

$$p\vec{z}_\Delta = \Lambda\vec{z}_\Delta + \Phi^{-1}B\vec{u}_\Delta \qquad (2\text{-}20)$$

式(2-20)中每个状态变量的微分方程右端项只包含自身状态变量,而不与其他状态变量耦合。

2.3.5　动态系统的零输入响应

状态方程(2-6)中所有输入项 $\vec{u}_\Delta = \vec{0}$ 时的状态量 $\vec{x}_\Delta$ 响应称为该系统的零输入响应。零输入响应下的系统方程对应一个一阶齐次常微分方程组,该方程的解轨迹为指数函数 $\vec{x}_\Delta(t) = e^{At}x_\Delta(t_0)$,进一步化简,可得系统状态方程(2-6)的第 i 个状态变量 $x_{\Delta i}$ 的零输入时间响应表达式

$$x_{\Delta i} = \phi_{i,1}c_1 e^{\lambda_1 t} + \phi_{i,2}c_2 e^{\lambda_2 t} + \cdots + \phi_{i,n}c_n e^{\lambda_n t} \qquad (2\text{-}21)$$

其中,系数

$$c_i = (\psi_{i,1}, \psi_{i,2}, \cdots, \psi_{i,n})\vec{x}_\Delta(0) \qquad (2\text{-}22)$$

为左特征向量模态矩阵 Ψ 的第 i 行向量与初始状态向量(列向量)的内积,反映了由初始条件和特征向量决定的第 i 个模式激励的幅值;$c_i = 0$ 表示该模式对当前状态量响应无影响。

2.3.6　参与矩阵

参与矩阵反映了系统不同状态变量对某个特征值所对应的响应模式的影响程度,可用来确定与所关注特征值模式相关的状态量,并排除不相关状态量,寻找造成某种响应模式的主要因素。文献[8]、[122]给出了参与矩阵 P 的表达式

$$P = [P_1, P_2, \cdots, P_n] \tag{2-23}$$

式中,第 i 列向量 $P_i = \begin{bmatrix} p_{1,i} \\ p_{2,i} \\ \vdots \\ p_{n,i} \end{bmatrix} = \begin{bmatrix} \phi_{1,i}\psi_{i,1} \\ \phi_{2,i}\psi_{i,2} \\ \vdots \\ \phi_{n,i}\psi_{i,n} \end{bmatrix}$。

参与矩阵的每个元素称为参与因子,定义为 $p_{k,i} = \phi_{k,i}\psi_{i,k}$,表示系统第 i 个模式中第 k 个状态变量的相对参与程度。

2.3.7 特征值灵敏度

特征值灵敏度指状态矩阵 A 的特征值对矩阵元素值的灵敏程度。用微商 $\partial\lambda_i/\partial a_{k,j}$ 表示方阵 A 的特征值 λ_i 对矩阵任意元素 $a_{k,j}$ 的灵敏度,其推导过程如下。

状态矩阵 A 的第 i 个特征值 λ_i 存在右特征向量 $\vec{\phi}_i$,满足特征值定义

$$A\vec{\phi}_i = \lambda_i\vec{\phi}_i \tag{2-24}$$

式(2-24)表明,特征值的定义使原来的矩阵变换(左乘矩阵)等效为标量乘积变换,由此可在很大程度上降低计算强度,简化计算公式。

对 $a_{k,j}$ 求偏导数得

$$\frac{\partial(A\vec{\phi}_i)}{\partial a_{k,j}} = \frac{\partial(\lambda_i\vec{\phi}_i)}{\partial a_{k,j}}$$

或

$$\frac{\partial A}{\partial a_{k,j}}\vec{\phi}_i + A\frac{\partial\vec{\phi}_i}{\partial a_{k,j}} = \frac{\partial\lambda_i}{\partial a_{k,j}}\vec{\phi}_i + \lambda_i\frac{\partial\vec{\phi}_i}{\partial a_{k,j}} \tag{2-25}$$

记状态矩阵 A 的第 i 个特征值 λ_i 对应的左特征向量为 $\vec{\psi}_i$(左特征向量为行向量),则左特征值和左特征向量满足定义

$$\vec{\psi}_i A = \lambda_i\vec{\psi}_i \tag{2-26}$$

假设特征值的右特征向量和左特征向量已被正规化,即

$$\vec{\psi}_i\vec{\phi}_i = 1 \tag{2-27}$$

令式(2-25)的等式两边同乘以 $\vec{\psi}_i$,可得

$$\vec{\psi}_i\frac{\partial A}{\partial a_{k,j}}\vec{\phi}_i + \vec{\psi}_i A\frac{\partial\vec{\phi}_i}{\partial a_{k,j}} = \vec{\psi}_i\frac{\partial\lambda_i}{\partial a_{k,j}}\vec{\phi}_i + \vec{\psi}_i\lambda_i\frac{\partial\vec{\phi}_i}{\partial a_{k,j}}$$

或

$$\vec{\psi}_i\frac{\partial A}{\partial a_{k,j}}\vec{\phi}_i + \vec{\psi}_i A\frac{\partial\vec{\phi}_i}{\partial a_{k,j}} = \frac{\partial\lambda_i}{\partial a_{k,j}}\vec{\psi}_i\vec{\phi}_i + \vec{\psi}_i\lambda_i\frac{\partial\vec{\phi}_i}{\partial a_{k,j}} \tag{2-28}$$

将式(2-26)和(2-27)代入式(2-28)可得

$$\vec{\psi}_i \frac{\partial A}{\partial a_{k,j}} \vec{\phi}_i + \vec{\psi}_i \lambda_i \frac{\partial \vec{\phi}_i}{\partial a_{k,j}} = \frac{\partial \lambda_i}{\partial a_{k,j}} + \vec{\psi}_i \lambda_i \frac{\partial \vec{\phi}_i}{\partial a_{k,j}} \ 或 \ \vec{\psi}_i \frac{\partial A}{\partial a_{k,j}} \vec{\phi}_i = \frac{\partial \lambda_i}{\partial a_{k,j}} \quad (2\text{-}29)$$

由矩阵对标量微商定义可知,在 $\frac{\partial A}{\partial a_{k,j}}$ 的结果中,只有第 k 行第 j 列元素为 1,其他元素均为 0,考虑这一情况,式(2-29)可进一步化简为

$$\frac{\partial \lambda_i}{\partial a_{k,j}} = [0,0,\cdots,0,\psi_{i,k},0,\cdots,0]\vec{\phi}_i \ 或 \ \frac{\partial \lambda_i}{\partial a_{k,j}} = \psi_{i,k}\phi_{j,i} \quad (2\text{-}30)$$

式中,$\phi_{j,i}$ 为右特征向量模态矩阵的第 i 列第 j 行元素;$\psi_{i,k}$ 为左特征向量模态矩阵的第 i 行第 k 列元素。在实际电力系统分析中,灵敏度矩阵结果一般为复数矩阵,常用其元素的幅值来表征特征值对该元素的灵敏程度。

2.4　基于劳斯－赫尔维茨判据和主导根轨迹的稳定性分析

2.4.1　劳斯－赫尔维茨判据

劳斯－赫尔维茨判据是线性系统绝对稳定性的充要判据,可以用来判断系统在复平面虚轴及右半平面闭环特征根的个数,从而判断系统的绝对稳定性。

为利用劳斯－赫尔维茨判据判断线性系统的绝对稳定性,首先应计算系统特征多项式对应的劳斯判定表(劳斯表),然后根据该表首列元素符号情况做出判断,即首列元素同号表示系统稳定,首列元素出现符号改变表明系统不稳定;也可根据首列同号等价于系统稳定的条件,求取使系统绝对稳定的参数范围,即参数稳定域。详细推导和证明可参看文献[71],此处仅给出劳斯表中元素的一般求取公式

$$L_{i,j} = \frac{-1}{L_{i-1,1}} \begin{vmatrix} L_{i-2,1}, L_{i-2,j+1} \\ L_{i-1,1}, L_{i-1,j+1} \end{vmatrix} \quad (2\text{-}31)$$

式中,$L_{i,j}$ 为从劳斯表第 3 行开始的各行元素,$i = 3,4,\cdots,n$ 和 $j = 1,2,\cdots,m$ 为劳斯表的行和列序号,前两行直接将特征多项式系数对应写入,从第 3 行开始采用式(2-31)计算。若出现全 0 行等特殊情况,可参考文献[71]中的处理方法。

值得注意的是,劳斯－赫尔维茨稳定判据只能判断系统的绝对稳定性,而不能直接分析系统的相对稳定性和动态性能。

2.4.2　主导根轨迹

系统特征根在复平面上的分布情况决定了系统的相对稳定性和动态性能,对系统特征根随参数在复平面上变化的情况进行的研究即根轨迹分析,故系统

的根轨迹分析可以揭示系统的相对稳定性和动态性能,这是稳定域分析所不能做到的。

实际的高阶系统一般含有与系统阶数相同数量的特征根,对应多个响应模态,但绝大多数特征根实部为负,且模值较大,这些特征根对应的响应模式将在响应开始阶段随时间而快速衰减至消失,主导系统响应特性的特征根具有绝对值较小的实部,原因为这些特征根对应的响应模式将在其他响应衰减消失后主导系统响应,实际中常以实部最大的特征根作为主导特征根进行分析。

在复平面上也可考察系统的相对稳定性,此时系统相对稳定性由特征根的实部决定。在复平面左半平面距虚轴越远的特征根,所对应的响应模式越稳定;反之,在复平面左半平面越靠近虚轴的特征根,对应的响应模式相对稳定性越差,当特征根达到虚轴或进入右半平面时,则该响应模式不稳定。

系统响应的动态性能也与主导根在复平面上的分布密切相关,因而可通过特征根在复平面上的阻尼特性来分析系统的动态响应特性,具体可通过阻尼比这一指标的取值来分析。由上文可知,工程上能获得满意动态品质的阻尼比范围为 $0.4 \sim 0.8$,过大的阻尼比对应的系统响应超调量较小(阻尼比 $\geqslant 1$ 时系统为临界阻尼或过阻尼系统,其响应为单调响应,没有超调量),但此时响应速度过慢;过小的阻尼比对应的系统响应速度很快,但会导致过大的超调量,当阻尼比为负时,对应的系统响应不稳定。

通过改变参数值使得复平面上系统特征根取值发生变化,可以获取系统的根轨迹信息,根据根轨迹的变化趋势,可分析系统随参数变化的稳定特性。

2.5　小　结

电力系统小干扰特征值分析方法是一套理论体系严密、发展相对成熟、应用广泛、结果可靠的电力系统分析方法。本章对该方法进行了总结,主要工作如下:

(1)基于抽象函数推导了电力系统小干扰线性模型,推导和分析了模态解耦公式、系统的零输入响应公式、参与矩阵公式、灵敏度矩阵公式、共轭复根的阻尼比公式、振荡频率公式。

(2)研究了劳斯－赫尔维茨判据与系统绝对稳定性的关系、系统主导根轨迹与系统相对稳定性的关系、系统特征根在复平面上的阻尼特性与系统动态响应性能的关系。

上述电力系统小干扰特征值分析理论基本公式推导,稳定判据、特征值与系统绝对稳定性、相对稳定性、动态品质的讨论,为后续章节的系统稳定性分析和控制研究提供了理论依据和方法支撑。

3　HVDC 水电孤岛系统建模及特性分析

3.1　引　言

　　对象的建模与稳定性分析工作密切相关。首先,对象的建模为稳定性分析提供基础。包括小干扰特征值稳定性分析在内的系统稳定性分析,需要与之相适应的对象数学模型,这是因为,对系统的稳定性分析本质上是将物理系统映射为数学模型系统,利用数学理论和控制理论对该数学模型进行各种参数或扰动的分析,最后将数学过程的分析结果映射回物理系统,为物理系统的稳定特性提供预测和解析。为了使稳定性分析有效指导实践,对建模有两方面要求:一方面,模型应准确反映所要考察的物理过程,不应采用过于简化的模型研究该模型无法反映的过程,如不应采用线性水轮机模型研究 100% 甩负荷过渡过程等;另一方面,受模型阶数和计算工具制约,有必要对不关心且可以解耦的过程进行适当简化,比如,在研究有功频率过程时,可对无功电压过程进行适当简化,否则,对于不相关过程的过于详细建模,不仅难以显著增加所研究过程的准确性,而且会大幅增加不必要的计算量和分析工作量。其次,稳定性分析可以加深对数学模型的理解,从而促进更能反映实际物理系统特性的数学模型的建立。对系统的稳定性进行分析,能够揭示对象的内在特性和数学模型的局限性,加深对物理过程的认识,为改进和优化数学模型提供依据。此外,在系统研究中,某些工况参数或模型结构参数难以获取,此时基于通用模型的仿真平台可为研究提供所需的工况参数或模型结构。因此,对所研究系统的数学建模是稳定性分析的基础和关键。

　　作为一种高阶、非线性、参数时变的复杂系统,HVDC 水电孤岛系统的有功频率稳定性研究也需要合适的数学模型支撑,若所采用的数学模型与实际系统差别过大,则可能导致理论研究结果与实际过程不一致,因此 HVDC 水电孤岛系统频率稳定模型研究将是本书工作的基础。依据研究需要和工程实践要求,本书进行的 HVDC 水电孤岛系统频率稳定模型研究分为大波动模型研究和小干扰模型研究。大波动模型研究用来分析系统的大波动响应特性,计算小干扰分析的初始平衡点,以及验证分析结果,要求该模型能够在宽广运行范围内反映系统实际特性,因而各个相关子系统均应选用大波动模型。小干扰模型研究从机理上分析系统在初始平衡点附近的稳定特性,需要系统的解析表达式,该表达式可通过对大波动模型的线性化近似获取。

　　本章针对 HVDC 水电孤岛系统有功频率稳定性研究需求,讨论并建立了考虑各相关子系统详细特性的 HVDC 水电孤岛系统大波动模型,在此基础上通过线性化近似方法获取系统的线性模型,并进一步在 Marlab/Simulink 环境下搭建了系统大波动模型和线性模型的数值仿真平台,仿真结果验证了模型的准确性,为后续研究提供了模型基础。

3.2　HVDC 水电孤岛系统模型特性分析

3.2.1　水轮机调节系统模型特性分析

　　水轮机调节系统模型主要包括水轮机、压力过水系统、调速器及其随动系统、发电机和负荷等部分。

　　在水轮机调节系统模型的各个部分中,水轮机的建模问题受到了众多学者的普遍关注。按研究目的不同,水轮机模型可分为采用固定传递系数的线性水轮机模型、基于固定初始工况点且变传递系数的改进线性水轮机模型、基于变初始工况点变传递系数的改进线性水轮机模型、IEEE 简化非线性水轮机模型、基于综合特性曲线迭代法的非线性水轮机模型、内特性水轮机模型、基于三维有限元的内特性水轮机模型和基于神经网络的非线性水轮机模型等。这些水轮机模型均具有各自的特点和局限性,适用于特定的范围。采用固定传递系数的线性水轮机模型适用于小波动研究;基于固定初始工况点且变传递系数的改进线性水轮机模型可用于扰动更大的小波动研究;简化非线性模型可以在一定程度上反映水轮机较大运行范围的非线性,但其流量方程采用近似阀门假设,而实际中广泛采用的反击式水轮机流量为开度、转速和水头的非线性函数,两者之间存在较大差别;基于综合特性曲线迭代的非线性水轮机模型具有很高的精确度,能够在很大程度上反映水轮机的非线性特性,但小开度下的综合特性曲线数据一般需要按经验进行人工处理;内特性水轮机模型需要详细的水轮机内部几何参数;基于有限元的水轮机模型需要更加详细的水轮机内部形状参数,并需要较多计算资源;基于神经网络的非线性水轮机模型采用神经网络进行综合特性曲线外延,本质上仍为基于综合特性曲线迭代的非线性水轮机模型。

　　压力过水系统模型主要分为刚性水击模型和弹性水击模型两种。调速器及其随动系统模型一般采用 PID 模型及一阶惯性环节,其中的限速、限幅、死区等非线性可按研究目的予以忽略或建模。水轮机调节系统中的发电机模型一般采用忽略电磁过程的一阶模型,负载和电网络采用一个等效力矩表示。

3.2.2　电磁模型的特性分析

HVDC 水电孤岛系统中的电磁模型主要包括发电机模型和 HVDC 模型。其中,发电机模型的研究已比较成熟。HVDC 模型按研究目的可分为等效电源模型、准稳态模型和详细三相模型,等效电源模型将直流等效为一个受控电源,可用于模拟远方的直流系统;准稳态模型假设直流两端的交流为三相对称系统,忽略直流和交流谐波,可以较准确地反映一般直流过程;详细三相模型则直接模拟实际换流过程,可以反映各种不对称故障和换相失败等精细直流过程,但计算量较大且难以用适合稳定性分析的解析式表达。在不考虑直流内部故障和谐波等特性情况下的系统稳定研究中,准稳态模型可以在不显著增加计算量的情况下准确地反映直流输电系统的动态特性,因此其在包含直流的电力系统稳定性分析中得到了广泛应用。

3.2.3　模型选用

包含同步电机的电力系统稳定性分析普遍采用 dq 轴上的发电机方程作为发电机数学模型,自文献[141]提出 dq 坐标系下的发电机—HVDC 准稳态系统模型后,该模型在稳定性研究中得到了广泛应用,但考虑大波动水轮机调节系统的发电机—HVDC 系统模型,尚未见诸报道。为满足研究需要和反映工程实际情况,本章在研究水轮机调节系统模型和 dq 轴上的发电机—HVDC 准稳态模型的基础上,建立了一种考虑大波动水轮机调节系统特性、发电机电磁特性和 HVDC 准稳态特性的 HVDC 水电孤岛稳定分析模型;另外,在此大波动模型的基础上进行线性化,得到便于小干扰分析的线性模型,并进行了仿真验证。

3.3　HVDC 水电孤岛系统稳定性分析大波动模型

HVDC 水电孤岛系统稳定性分析大波动模型能够反映系统的大范围运行特性,可进行大扰动动态仿真。

为便于分析图 1-1 所示的 HVDC 水电孤岛系统的有功频率特性,对机组侧进行了详细建模,所建模型包括大波动水轮机调节系统模型和详细发电机模型。为突出系统的有功频率特性,变压器均采用理想模型,考虑电站距整流站距离较近,忽略电站到整流站的 AC 线路;送端电站用单台机组表示;交直流状态量和元件参数采用具有统一基准值的标幺值表示;受端主网采用无穷大母线模型,据此可建立如图 3-1 所示的系统模型。

图 3-1 中:ω 为电角速度,电角速度标幺值等于机组频率标幺值和机组转速标幺值,三者均使用符号 ω 表示;T_m 为水轮机输出机械力矩;E_fd 为励磁装置输出

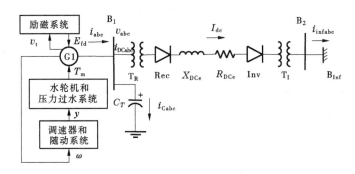

图 3-1 HVDC 水电孤岛系统

励磁电压;v_t 为机端电压;i_{abc} 为发电机定子输出三相电流;i_{DCabc} 为换流器消耗三相电流;i_{Cabc} 为机端电容器消耗三相电流;I_{dc} 为直流输送电流;i_{infabc} 为受端电网从换流母线吸收的电流;Rec 为整流器;T_R 为整流换流变压器(简称整流变);Inv 为逆变器;T_I 为逆变换流变变压器(简称逆变换流变)。

3.3.1 水轮机大波动模型

水轮机大波动模型采用基于综合特性曲线迭代方法的非线性模型,其推导过程如下。

由水轮机综合特性曲线可求得不同导叶开度 y 和单位转速 n_{11} 下的水轮机单位力矩 M_{11} 和单位流量 Q_{11}(本书中的水轮机指混流式水轮机)

$$M_{11} = f(y,n_{11}) \tag{3-1}$$

$$Q_{11} = g(y,n_{11}) \tag{3-2}$$

式中,单位转速 n_{11} 的表达式为

$$n_{11} = \frac{nD_1}{\sqrt{H}} \tag{3-3}$$

式中,D_1 为水轮机转轮公称直径,m;n 为机组转速,r/min;H 为水轮机工作水头,m。

由单位力矩 M_{11} 和单位流量 Q_{11} 的定义式可得

$$M_t = M_{11}D_1^3 H \tag{3-4}$$

$$Q_t = Q_{11}D_1^2 \sqrt{H} \tag{3-5}$$

式中,M_t 为水轮机力矩,与电力系统分析中常用的符号 T_m 均表示水轮机力矩,但单位不同;Q_t 为水轮机流量。

由调速器随动系统输出开度 y(忽略接力器相对开度与导叶相对开度之间的差异)和发电机运动方程输出机组转速 n,并结合水击方程,在综合特性曲线上迭代求解水轮机水头,获取水轮机的输出力矩 M_t。

另外,利用决定混流式水轮机的输出力矩和流量的物理量,可写出通用的水轮机输出力矩和流量抽象表达式

$$m_t = f_{t1}(y, \omega, h) \tag{3-6}$$

$$q_t = g_{t1}(y, \omega, h) \tag{3-7}$$

式中,m_t 为相对力矩,基值为额定力矩;q_t 为水轮机相对流量,pu,$q_t = Q_t/Q_{tr}$,Q_{tr} 为水轮机额定流量,m^3/s;$h = H/H_r$ 为相对水头,H_r 为水轮机额定水头;f_{t1} 和 g_{t1} 为抽象函数符号。

3.3.2   压力过水系统水击模型

压力过水系统包括压力引水系统、蜗壳和尾水系统中的有压部分,其水击模型可用传递函数表示为

$$G_h(s) = \frac{h_\Delta(s)}{q_t(s)} \tag{3-8}$$

式中,s 为拉普拉斯算子;h_Δ 为水击压力。

$$h_\Delta(s) = h - h_0 \tag{3-9}$$

式中,h_0 为初始相对水头,pu,$h_0 = H_0/H_r$;H_0 为水轮机初始稳态水头,m。

压力过水系统中的水击模型可分为刚性水击模型和弹性水击模型两种,其中刚性水击模型适用于短管或中等长度压力管道,其表达式为

$$G_h(s) = \frac{h_\Delta(s)}{q_t(s)} = -T_w s \tag{3-10}$$

式中,T_w 为水流惯性时间常数。

弹性水击方程可以近似表示为

$$G_h(s) = -h_w \frac{T_r s + T_r^3 s^3/24}{1 + T_r^2 s^2/8} \tag{3-11}$$

式中,h_w 为管路特性系数;T_r 为水击相长。

3.3.3   调速器及其随动系统模型

调速器采用常用的调节器型调速器,该型调速器由调节器和电液随动系统两部分组成。调节器采用并联 PID 控制器,电液随动系统采用一阶惯性环节,如图 3-2 所示,并在大波动模型中考虑随动系统限速、限幅环节(未在图中画出)。图 3-2 中,y_c 为调速器控制输出,pu;K_p、K_i、K_d 分别为 PID 控制器的比例、积分和微分增益;T_{1v} 为实际微分环节的时间常数;ω_{ref} 为频率给定,pu;T_y 为接力器反应时间常数,s;b_p 为调速器永态转差系数;C_y 为调速器开度给定,pu。

为得到图 3-2 所示调速器数学表达式,忽略死区、限速、限幅等环节,并考虑到频率调节时 b_p 很小甚至为 0,忽略 b_p 输出项,则并联 PID 型调节器模型可以写

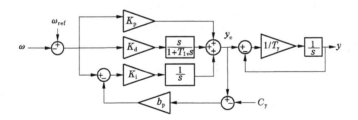

图 3-2　并联 PID 调节器和随动系统

为

$$y_{c} = \left[K_{p} + K_{i}/s + K_{d}s/(1 + T_{1v}s) \right] (\omega_{ref} - \omega)\tag{3-12}$$

电液随动系统模型可以写为

$$y = \frac{1}{T_{y}s + 1}y_{c}\tag{3-13}$$

3.3.4　发电机模型

发电机模型采用标幺值表示的磁链状态方程,考虑到本书研究的发电机为水轮发电机,具有凸极转子,阻尼绕组模型一般采取 q 轴和 d 轴各 1 个的结构。发电机模型的各量基值详见文献[8]、[137],此处不再赘述。与转子同步旋转的 d—q 坐标系上的发电机微分方程分述如下。

定子 q 轴磁链微分方程

$$p\psi_{q} = \omega_{base}\left[v_{q} - \omega\psi_{d} + r_{a}(\psi_{aq} - \psi_{q})/x_{la} \right]\tag{3-14}$$

式中,p 为微分算子,$p = \mathrm{d}/\mathrm{d}t$,$t$ 为时间,s;ψ_{q} 为定子磁链 q 轴分量,pu;ω_{base} 为电角速度基准值,$\omega_{base} = 2\pi f_{r}$,$f_{r}$ 为额定频率;v_{q} 为机端电压 q 轴分量,pu;ω 为电角速度,pu;ψ_{d} 为定子磁链 d 轴分量,pu;r_{a} 为定子单相电阻,pu;x_{la} 为定子单相漏电抗,pu;ψ_{aq} 为中间变量,其表达式为

$$\psi_{aq} = C_{1}(\psi_{q}/x_{la} + \psi_{kq}/x_{lkq})\tag{3-15}$$

式中,ψ_{kq} 为转子 kq 阻尼绕组磁链,pu;x_{lkq} 为转子 kq 阻尼绕组漏电抗,pu;C_{1} 为中间变量:

$$C_{1} = 1/(1/x_{lkq} + 1/x_{la} + 1/x_{aq})\tag{3-16}$$

式中,x_{aq} 为定子和转子互感抗 q 轴分量,pu。

转子 kq 阻尼绕组磁链微分方程为

$$p\psi_{kq} = \omega_{base}r_{kq}\left[\psi_{aq} - \psi_{kq})/x_{lkq} \right]\tag{3-17}$$

式中,r_{kq} 为转子 kq 阻尼绕组电阻,pu。

定子 d 轴磁链微分方程为

$$p\psi_{d} = \omega_{base}\left[v_{d} + \omega\psi_{q} + r_{a}(\psi_{ad} - \psi_{d})/x_{la} \right]\tag{3-18}$$

式中,v_d 为机端电压 d 轴分量,pu;ψ_{ad} 为中间变量:

$$\psi_{ad} = C_2(\psi_d/x_{la} + \psi_{fd}/x_{lfd} + \psi_{kd}/x_{lkd}) \tag{3-19}$$

式中,ψ_{fd} 为励磁磁链,pu;x_{lfd} 为转子励磁绕组漏电抗,pu;ψ_{kd} 为转子 kd 阻尼绕组磁链,pu;x_{lkd} 为转子 kd 阻尼绕组漏电抗,pu;C_2 为中间变量:

$$C_2 = 1/(1/x_{ad} + 1/x_{la} + 1/x_{lfd} + 1/x_{lkd}) \tag{3-20}$$

转子 kd 阻尼绕组磁链微分方程为

$$p\psi_{kd} = \omega_{base}r_{kd}(\psi_{ad} - \psi_{kd})/x_{lkd} \tag{3-21}$$

式中,r_{kd} 为转子 kd 阻尼绕组电阻,pu。

转子励磁绕组磁链微分方程为

$$p\psi_{fd} = \omega_{base}[r_{fd}E_{fd}/x_{ad} + r_{fd}(\psi_{ad} - \psi_{fd})/x_{lfd}] \tag{3-22}$$

式中,r_{fd} 为转子励磁绕组电阻,pu;E_{fd} 为励磁装置输出励磁电压,pu,值得注意的是该标幺值基于励磁装置电压基值而非发电机电压基值。

转子运动微分方程为

$$p\omega_\Delta = (T_m - T_e - T_{dis})/(2H_G) \tag{3-23}$$

式中,ω_Δ 为当前电角速度偏离额定值的大小,即

$$\omega_\Delta = \omega - 1 \tag{3-24}$$

H_G 为发电机组转动部分惯性时间常数,(MW · s)/MVA;T_m 为原动机机械力矩,pu;T_{dis} 为孤岛系统的扰动力矩项,用于模拟孤岛系统中的功率或厂用负载等的扰动,pu;T_e 为发电机电磁力矩

$$T_e = \psi_d i_q - \psi_q i_d \tag{3-25}$$

式中,i_q 为定子电流 q 轴分量,其表达式为

$$i_q = -(\psi_q - \psi_{aq})/x_{la} \tag{3-26}$$

这里,i_d 为定子电流 d 轴分量,可以表示为

$$i_d = -(\psi_d - \psi_{ad})/x_{la} \tag{3-27}$$

发电机转子角动态方程为

$$p\delta_{Inf} = \omega_{base}\omega_\Delta \tag{3-28}$$

式中,δ_{Inf} 为相对于参考母线的转子角,rad。

为便于分析,给出用 $d—q$ 轴分量表示的机端瞬时功率导出公式

$$P_T = v_d i_d + v_q i_q + 2v_0 i_0 \tag{3-29}$$

式中,v_0、i_0 分别为 $d—q$ 变换中的 0 轴电压和电流分量,对本书考虑的三相对称运行情况,0 轴分量为 0,即机端瞬时功率为

$$P_T = v_d i_d + v_q i_q \tag{3-30}$$

3.3.5 机端负载模型

为便于获得机端电压和调整功率因数,在机端并联电容器负载,可得机端电

压 q 轴微分方程

$$pv_q = \omega_{\text{base}} i_{Cq}/C_T - \omega_{\text{base}} v_d \qquad (3\text{-}31)$$

式中, C_T 为电容值,pu; i_{Cq} 为机端电容电流的 q 轴分量,可以表示为

$$i_{Cq} = i_q - I_{qDC} \qquad (3\text{-}32)$$

式中, I_{qDC} 为 HVDC 输送当前直流时,整流换流变网侧母线上对应的交流电流 q 轴分量,pu。

机端电压 d 轴微分方程为

$$pv_d = \omega_{\text{base}} i_{Cd}/C_T + \omega_{\text{base}} v_q \qquad (3\text{-}33)$$

式中, i_{Cd} 为机端电容电流的 d 轴分量

$$i_{Cd} = i_d - I_{dDC} \qquad (3\text{-}34)$$

式中, I_{dDC} 为 HVDC 输送当前直流时,在整流换流变网侧母线上对应的电流 d 轴分量,pu。

3.3.6 励磁系统模型

励磁系统采用目前水轮发电机组中广泛应用的电势源可控整流器自并励磁系统,励磁系统模型使用 IEEE 工作组推荐的 ST1A 型,如图 3-3 所示。

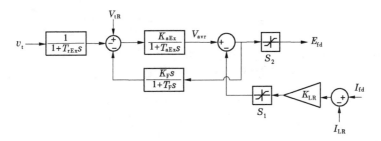

图 3-3 励磁系统

图 3-3 中: v_t 为机端电压; V_{tR} 为机端电压参考; I_{fd} 为励磁电流; I_{LR} 为励磁电流限制值; K_{LR} 为励磁电流限制增益; S_1 为励磁电流限幅环节; S_2 为励磁电压动态限幅环节,详见文献[10]; K_{aEx} 为励磁调节器(Auto Voltage Regulator,AVR)增益; T_{aEx} 为 AVR 时间常数; K_F 和 T_F 为实际微分反馈环节的增益和时间常数。

在无功电压无大扰动情况下,励磁电压输出 E_{fd} 和励磁电流 I_{fd} 一般在限幅范围内,此时的励磁装置传递函数为

$$\frac{E_{fd}}{V_{tR} - v_t/(1 + T_{rEx}s)} = \frac{K_{aEx}(1 + T_F s)}{1 + (T_F + T_{aEx} + K_{aEx}K_F)s + T_{aEx}T_F s^2} \qquad (3\text{-}35)$$

3.3.7　HVDC 线路动态模型

HVDC 线路采用一个等效电阻 R_{DCe} 和电抗 X_{DCe} 模拟,其中 R_{DCe} 主要由直流线路电阻构成,X_{DCe} 主要由线路电抗和平波电抗器电抗构成。由 KVL 可列出线路的微分方程为

$$pI_{dc} = \frac{\omega_{base}}{X_{DCe}}(- R_{DCe}I_{dc} + V_{dcRec} - V_{dcInv})\qquad (3\text{-}36)$$

式中,I_{dc} 为直流电流;V_{dcRec} 为整流器端直流电压;V_{dcInv} 为逆变器端直流电压。

3.3.8　HVDC 整流器模型

HVDC 换流器一般工作在整流或逆变两种基本模式之一,对于 HVDC 水电孤岛系统,与电源连接的 HVDC 换流器一般工作在整流模式下,与受端主网连接的 HVDC 换流器工作在逆变方式。

换流器准稳态模型可在不显著增加仿真计算量的情况下较准确地反映其在一般工作范围内(换相重叠角 $\mu < 60\ \mathrm{deg}$)的实际特性,本书采用该准稳态模型表示换流器,则整流端直流电压可写为

$$V_{dcRec} = V_{dcNLRec}\cos\alpha_{Rec} - \frac{3}{\pi}B_{dc}X_{coRec}I_{dc}\qquad (3\text{-}37)$$

式中,α_{Rec} 为整流触发延迟角(简称整流触发角),rad;B_{dc} 为一个直流极上 6 脉动 Graetz 换流桥的个数;X_{coRec} 为整流换流器的换相电抗;$V_{dcNLRec}$ 为整流器空载直流电压:

$$V_{dcNLRec} = 3\sqrt{3}B_{dc}V_{aLnHAcB}Tap_{Rec}V_{qRec}/(\pi V_{dcB})\qquad (3\text{-}38)$$

式中,$V_{aLnHAcB}$ 为整流换流变网侧电压基准值;V_{dcB} 为直流电压基准值;Tap_{Rec} 为整流变二次绕组匝数与一次绕组匝数之比,表示有载调压分接头的有效匝数比;V_{qRec} 为整流变网侧换流母线电压。

3.3.9　HVDC 逆变器模型

逆变器数学模型采用基于触发角的表达式,则逆变端直流电压可表示为

$$V_{dcInv} = - V_{dcNLInv}\cos\alpha_{Inv} + 3BX_{coInv}I_{dc}/\pi\qquad (3\text{-}39)$$

式中,α_{Inv} 为逆变触发延迟角(简称逆变触发角);X_{coInv} 为逆变换流变的换相电抗;$V_{dcNLInv}$ 为逆变器空载直流电压,可写为

$$V_{dcNLInv} = 3\sqrt{3}B_{dc}V_{aInfB}Tap_{Inv}V_{qInv}/(\pi V_{dcB})\qquad (3\text{-}40)$$

式中,Tap_{Inv} 为逆变换流变的二次绕组匝数与一次绕组匝数之比;V_{aInfB} 为逆变换流变网侧电压基准值;V_{qInv} 为逆变换流变网侧换流母线电压。

如图 3-1 所示,逆变换流变网侧所连接的受端主网用无穷大母线模型表示,则可得如下表达式

$$V_{\text{qInv}} = V_{\text{Inf}} \tag{3-41}$$

式中,V_{Inf} 为无穷大母线电压。

为便于分析,此处给出后续章节用到的一些物理量的导出公式。

逆变换流母线上的功率因数角

$$\varphi_{\text{Inv}} = \arccos \frac{V_{\text{dcInv}}}{V_{\text{dcNLInv}}} \tag{3-42}$$

逆变端直流功率

$$P_{\text{dcInv}} = 2V_{\text{dcInv}}I_{\text{dcInv}}/3 \tag{3-43}$$

逆变器消耗的无功功率

$$Q_{\text{dcInv}} = P_{\text{dcInv}}\tan\varphi_{\text{Inv}} \tag{3-44}$$

3.3.10 直流控制器模型

本书主要针对高压直流输电系统正常运行过程中的频率稳定性问题进行建模研究,故只对正常运行时的直流控制器进行建模,因换流变分接头一般变化很慢且主要影响无功电压稳态值,故忽略换流变分接头动态调整过程,则基本的直流控制器为整流控制器和逆变控制器。

3.3.10.1 整流控制器

整流控制器一般运行在定电流控制(Constant Current,CC)模式,采用直流稳定性研究中广泛应用的 PI 控制器,如图 3-4 所示。

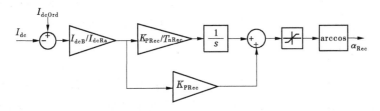

图 3-4　整流控制器 CC 控制模型

图 3-4 中:I_{dc} 为测量的直流电流;I_{dcOrd} 为直流电流给定;I_{dcB} 为直流电流基准值;I_{dcRa} 为直流额定电流;arccos 为反余弦模块;K_{PRec} 为 PI 控制器的比例增益;$K_{\text{PRec}}/T_{\text{nRec}}$ 为 PI 控制器的积分增益。

整流控制器的 CC 控制不仅为直流电流的基本控制方式,而且是直流功率控制及附加频率控制的基础,直流功率控制及附加频率控制最终通过对 CC 电流给定或功率给定的控制来实现。

忽略限幅环节,可写出图 3-4 对应的表达式

$$\alpha_{\mathrm{Rec}} = \arccos\left\{\left(I_{\mathrm{dcOrd}} - I_{\mathrm{dc}}\right)I_{\mathrm{dcB}}\left[K_{\mathrm{PRec}} + K_{\mathrm{PRec}}/\left(T_{\mathrm{nRec}}s\right)\right]/I_{\mathrm{dcRa}}\right\} \quad (3-45)$$

3.3.10.2　逆变控制器

逆变控制器一般运行在定电压控制(Constant Voltage,CV)或定熄弧提前角 γ(Constant Extinguishing Angle,CEA)控制方式下,本书假设逆变控制器运行于直流稳定性分析中采用的 CV 控制方式,如图 3-5 所示。

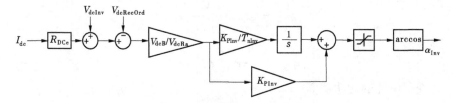

图 3-5　逆变控制器 CV 控制模型

图 3-5 中:V_{dcRecOrd} 为整流端直流电压参考;V_{dcB} 为直流电压基准值;V_{dcRa} 为额定直流电压;K_{PInv} 为 PI 控制器的比例增益;$K_{\mathrm{PInv}}/T_{\mathrm{nInv}}$ 为 PI 控制器的积分增益。

由图 3-5 可见,逆变 CV 控制器的反馈输入信号为逆变端直流电压和直流电流,通过直流线路电阻压降补偿,对整流端直流电压进行控制,故电压给定为整流端电压给定。

忽略限幅环节,可列出图 3-5 对应的逆变 CV 控制器公式

$$\alpha_{\mathrm{Inv}} = \arccos\left\{\left[-V_{\mathrm{dcRecOrd}} + \left(V_{\mathrm{dcInv}} + R_{\mathrm{DCe}}I_{\mathrm{dc}}\right)\right]V_{\mathrm{dcB}}\left[K_{\mathrm{PInv}} + K_{\mathrm{PInv}}/\left(T_{\mathrm{nInv}}s\right)\right]/V_{\mathrm{dcRa}}\right\}$$
$$(3-46)$$

此外,两端换流变分接头控制主要影响触发角和无功电压过程的稳态值,对系统的有功频率特性影响可忽略,换流变分接头变量采用初始稳态值表示。

3.3.11　坐标变换

为建立同一坐标系下的系统方程,需进行坐标变换。固结在发电机转子上的旋转坐标系为 d—q 坐标系,在整流换流变母线上,定义旋转 d_{R}—q_{R} 坐标系,该坐标系与 d—q 坐标系同步旋转,但滞后 d—q 坐标系 $\delta_{\mathrm{PARec}} = \arctan\left(v_{\mathrm{d}}/v_{\mathrm{q}}\right)$ 电角度,则可得 d_{R}—q_{R} 坐标系上的机端电压

$$V_{\mathrm{qRec}} = v_{\mathrm{q}}\cos\delta_{\mathrm{PARec}} + v_{\mathrm{d}}\sin\delta_{\mathrm{PARec}} \quad (3-47)$$

在直流正常运行中,换相重叠角一般小于30°,存在直流电流 I_{dc} 与换流变电流 I_{aNet} 的近似公式

$$I_{\mathrm{aNet}} = 2\sqrt{3}B_{\mathrm{dc}}I_{\mathrm{dcB}}Tap_{\mathrm{Rec}}I_{\mathrm{dc}}/\left(\pi i_{\mathrm{aHAcB}}\right) \quad (3-48)$$

式中,i_{aHAcB} 为换流变网侧电流基准值。

为得到 d—q 坐标系上的换流变电流，需进行如下变换

$$I_{qRec} = I_{aNet}\cos\varphi_{Rec} \tag{3-49}$$

$$I_{dRec} = I_{aNet}\sin\varphi_{Rec} \tag{3-50}$$

$$I_{qDC} = I_{qRec}\cos\delta_{PARec} - I_{dRec}\sin\delta_{PARec} \tag{3-51}$$

$$I_{dDC} = I_{qRec}\sin\delta_{PARec} + I_{dRec}\cos\delta_{PARec} \tag{3-52}$$

式中，I_{qRec}、I_{dRec} 分别为换流变电流在 d_R—q_R 坐标系不同轴上的对应分量；$\varphi_{Rec} = \arccos(V_{dcRec}/V_{dcNLRec})$ 为换流母线上的功率因数角。

另外，为便于一些物理量的观察，利用上述状态量，可导出如下公式。

整流端直流功率：

$$P_{dcRec} = 2V_{dcRec}I_{dc}/3 \tag{3-53}$$

3.3.12　系统大波动模型

由 3.3.1 ~ 3.3.11 中系统各部分的模型，可得完整的系统大波动模型微分方程，如下式所示。

$$
\begin{cases}
pq_t = -h_\Delta/T_w \\
y_c = \left[K_p + K_i/s + K_d s/(1 + T_{1v}s)\right](\omega_{ref} - \omega) \\
y = \dfrac{1}{T_y s + 1}y_c \\
p\psi_q = \omega_{base}\left[v_q - \omega\psi_d + r_a(\psi_{aq} - \psi_q)/x_{la}\right] \\
p\psi_{kq} = \omega_{base}r_{kq}(\psi_{aq} - \psi_{kq})/x_{lkq} \\
p\psi_d = \omega_{base}\left[v_d + \omega\psi_q + r_a(\psi_{ad} - \psi_d)/x_{la}\right] \\
p\psi_{kd} = \omega_{base}r_{kd}(\psi_{ad} - \psi_{kd})/x_{lkd} \\
p\psi_{fd} = \omega_{base}\left[r_{fd}E_{fd}/x_{ad} + r_{fd}(\psi_{ad} - \psi_{fd})/x_{lfd}\right] \\
p\omega_\Delta = (T_m - T_e - T_{dis})/(2H) \\
p\delta_{Inf} = \omega_{base}\omega_\Delta \\
pv_q = \omega_{base}i_{Cq}/C_T - \omega_{base}v_d \\
pv_d = \omega_{base}i_{Cd}/C_T + \omega_{base}v_q \\
\dfrac{E_{fd}}{V_{tR} - v_t/(1 + T_{rEx}s)} = \dfrac{K_{aEx}(1 + T_F s)}{1 + (T_F + T_{aEx} + K_{aEx}K_F)s + T_{aEx}T_F s^2} \\
pI_{dc} = \dfrac{\omega_{base}}{X_{DCe}}(-R_{DCe}I_{dc} + V_{dcRec} - V_{dcInv}) \\
\alpha_{Rec} = \arccos\left\{(I_{dcOrd} - I_{dc})I_{dcB}\left[K_{PRec} + K_{PRec}/(T_{nRec}s)\right]/I_{dcRa}\right\} \\
\alpha_{Inv} = \arccos\left\{\left[-V_{dcRecOrd} + (V_{dcInv} + R_{DCe}I_{dc})\right]V_{dcB}\left[K_{PInv} + K_{PInv}/(T_{nInv}s)\right]/V_{dcRa}\right\}
\end{cases}
$$

$$\tag{3-54}$$

　　为便于观察系统方程,本书虽然在大波动建模仿真中对系统的饱和、限速等非线性环节进行了模拟,但在式(3-54)中并未写出这些非线性环节。另外,式(3-54)中采用了传递函数的形式表达调速器及其随动系统模型、励磁装置模型和 HVDC 控制器模型。

3.4　HVDC 水电孤岛系统稳定性分析小干扰模型

　　为进行系统小干扰稳定性分析,需要建立 HVDC 水电孤岛系统稳定性分析小干扰模型,小干扰模型可通过将大波动模型在初始稳态工况点附近进行线性化近似得到。通过逐个线性化 3.3 节的大波动模型表达式,并进一步化简,可得如下小干扰微分方程组:

$$ph_\Delta = -a_{9t3}h_\Delta - a_{10t3}y_{c\Delta} + a_{11t3}y_\Delta - a_{12t3}\omega_\Delta - a_{13t3}\psi_{q\Delta} +$$
$$a_{14t3}\psi_{kq\Delta} - a_{15t3}\psi_{d\Delta} - a_{16t3}\psi_{fd\Delta} - a_{17t3}\psi_{kd\Delta} \quad (3\text{-}55)$$

$$py_{c\Delta} = x_{2\Delta} \quad (3\text{-}56)$$

$$px_{2\Delta} = -a_{16t9}x_{2\Delta} - a_{4t9}\omega_\Delta - a_{5t9}y_\Delta - a_{6t9}h_\Delta - a_{7t9}\psi_{q\Delta} + a_{8t9}\psi_{kq\Delta} - a_{9t9}\psi_{d\Delta} -$$
$$a_{10t9}\psi_{fd\Delta} - a_{11t9}\psi_{kd\Delta} - a_{12t9}y_{c\Delta} - a_{13t9}v_{q\Delta} - a_{14t9}v_{d\Delta} - a_{15t9}E_{fd\Delta} + a_{1t9}\omega_{ref\Delta}$$
$$(3\text{-}57)$$

$$py_\Delta = a_{1t4}y_{c\Delta} - a_{1t4}y_\Delta \quad (3\text{-}58)$$

$$p\psi_{q\Delta} = -a_3\psi_{d\Delta} - a_4\omega_\Delta + a_1\psi_{q\Delta} + a_2\psi_{kq\Delta} + \omega_{base}v_{q\Delta} \quad (3\text{-}59)$$

$$p\psi_{kq\Delta} = a_5\psi_{q\Delta} + a_6\psi_{kq\Delta} \quad (3\text{-}60)$$

$$p\psi_{d\Delta} = \omega_{base}v_{d\Delta} + a_{10}\psi_{q\Delta} + a_{11}\omega_\Delta + a_7\psi_{d\Delta} + a_8\psi_{fd\Delta} + a_9\psi_{kd\Delta} \quad (3\text{-}61)$$

$$p\psi_{kd\Delta} = a_{12}\psi_{d\Delta} + a_{13}\psi_{fd\Delta} + a_{14}\psi_{kd\Delta} \quad (3\text{-}62)$$

$$p\psi_{fd\Delta} = a_{15}E_{fd\Delta} + a_{16}\psi_{d\Delta} + a_{17}\psi_{fd\Delta} + a_{18}\psi_{kd\Delta} \quad (3\text{-}63)$$

$$p\omega_\Delta = a_{21}y_\Delta + a_{22}\omega_\Delta + a_{23}h_\Delta + a_{33}\psi_{q\Delta} - a_{35}\psi_{kq\Delta} + a_{34}\psi_{d\Delta} + a_{36}\psi_{fd\Delta} + a_{37}\psi_{kd\Delta}$$
$$(3\text{-}64)$$

$$pv_{q\Delta} = a_{38}\psi_{q\Delta} + a_{39}\psi_{kq\Delta} - a_{118}v_{q\Delta} + a_{119}v_{d\Delta} + a_{121}\alpha_{Rec\Delta} - a_{122}I_{dc\Delta} - a_{120}Tap_{\Delta Rec}$$
$$(3\text{-}65)$$

$$pv_{d\Delta} = a_{41}\psi_{d\Delta} + a_{42}\psi_{fd\Delta} + a_{43}\psi_{kd\Delta} + a_{123}v_{q\Delta} - a_{124}v_{d\Delta} -$$
$$a_{126}\alpha_{Rec\Delta} - a_{127}I_{dc\Delta} - a_{125}Tap_{\Delta Rec} \quad (3\text{-}66)$$

$$pI_{dc\Delta} = -a_{98t1}I_{dc\Delta} - a_{99t1}\alpha_{Rec\Delta} + a_{100t1}v_{q\Delta} + a_{101t1}v_{d\Delta} -$$
$$a_{103t1}\alpha_{Inv\Delta} + a_{102t1}Tap_{\Delta Rec} + a_{104t1}Tap_{\Delta Inv} \quad (3\text{-}67)$$

$$pE_{\mathrm{fd}\Delta} = x_{3\Delta} \tag{3-68}$$

$$px_{3\Delta} = x_{4\Delta} \tag{3-69}$$

$$px_{4\Delta} = -a_{1t5}x_{4\Delta} - a_{2t5}x_{3\Delta} - a_{3t5}E_{\mathrm{fd}\Delta} - a_{15t5}v_{q\Delta} - a_{16t5}v_{d\Delta} - a_{8t5}\psi_{q\Delta} - a_{9t5}\psi_{kq\Delta} -$$

$$a_{11t5}\psi_{d\Delta} - a_{12t5}\psi_{\mathrm{fd}\Delta} - a_{13t5}\psi_{kd\Delta} + a_{17t5}I_{\mathrm{dc}\Delta} - a_{18t5}\alpha_{\mathrm{Rec}\Delta} + a_{19t5}Tap_{\Delta\mathrm{Rec}} + a_{4t5}V_{\mathrm{tR}\Delta} \tag{3-70}$$

$$p\alpha_{\mathrm{Rec}\Delta} = -a_{133}I_{\mathrm{dc}\Delta} - a_{134}\alpha_{\mathrm{Rec}\Delta} + a_{135}v_{q\Delta} + a_{136}v_{d\Delta} - a_{137}\alpha_{\mathrm{Inv}\Delta} -$$

$$a_{2t6}I_{\mathrm{dcOrd}\Delta} + (a_{3t6}Tap_{\Delta\mathrm{Rec}} + a_{4t6}Tap_{\Delta\mathrm{Inv}}) \tag{3-71}$$

$$p\alpha_{\mathrm{Inv}\Delta} = -a_{141}I_{\mathrm{dc}\Delta} - a_{142}\alpha_{\mathrm{Rec}\Delta} + a_{143}v_{q\Delta} + a_{144}v_{d\Delta} - a_{145}\alpha_{\mathrm{Inv}\Delta} +$$

$$a_{2t7}V_{\mathrm{dcRecOrd}\Delta} + a_{1t8}Tap_{\Delta\mathrm{Inv}} + a_{2t8}Tap_{\Delta\mathrm{Rec}} \tag{3-72}$$

式中,下标 Δ 表示原变量从初始值的偏差;字母 a 及其下标表示线性模型的系数,因系统维数较高,使得系数表达式过长,限于篇幅此处不再写出,可利用 Maple 等符号推导软件得到各系数表达式。

所得线性化状态方程是一个 18 阶微分方程组,状态变量分别为:h_Δ,$y_{c\Delta}$,$x_{2\Delta}$,y_Δ,$\psi_{q\Delta}$,$\psi_{kq\Delta}$,$\psi_{d\Delta}$,$\psi_{kd\Delta}$,$\psi_{\mathrm{fd}\Delta}$,ω_Δ,$v_{q\Delta}$,$v_{d\Delta}$,$E_{\mathrm{fd}\Delta}$,$x_{3\Delta}$,$x_{4\Delta}$,$I_{\mathrm{dc}\Delta}$,$\alpha_{\mathrm{Rec}\Delta}$,$\alpha_{\mathrm{Inv}\Delta}$。

由水轮机水头偏差 h_Δ 的微分方程(3-55)可见,水轮机水头不仅是导叶开度和转速的函数,而且受定子磁链、励磁磁链、阻尼绕组磁链的影响,这从机理上表明,HVDC 水电孤岛系统中存在水力过程、机械过程与电磁过程的耦合。

由转速偏差 ω_Δ 的微分方程(3-64)同样可见,机组的转速不仅是机械状态量导叶开度、水力状态量水头的函数,而且是定子磁链、励磁磁链和阻尼绕组磁链的函数,这表明 HVDC 水电孤岛系统中存在水力过程、机械过程和电磁过程的耦合。

上述分立的线性微分方程可进一步写成矩阵形式

$$p\vec{x}_\Delta = A\vec{x}_\Delta + B\vec{u}_\Delta \tag{3-73}$$

式中,$\vec{x}_\Delta$ 为状态向量,$\vec{x}_\Delta = [h_\Delta, y_{c\Delta}, x_{2\Delta}, y_\Delta, \psi_{q\Delta}, \psi_{kq\Delta}, \psi_{d\Delta}, \psi_{kd\Delta}, \psi_{\mathrm{fd}\Delta}, \omega_\Delta, v_{q\Delta}, v_{d\Delta},$ $E_{\mathrm{fd}\Delta}, x_{3\Delta}, x_{4\Delta}, I_{\mathrm{dc}\Delta}, \alpha_{\mathrm{Rec}\Delta}, \alpha_{\mathrm{Inv}\Delta}]^\mathrm{T}$;$A$ 为 18×18 的状态矩阵;$\vec{u}_\Delta$ 为 6 维控制输入向量;$\vec{u}_\Delta = [\omega_{\mathrm{ref}\Delta}, V_{\mathrm{tR}\Delta}, I_{\mathrm{dcOrd}\Delta}, V_{\mathrm{dcRecOrd}\Delta}, Tap_{\Delta\mathrm{Rec}}, Tap_{\Delta\mathrm{Inv}}]^\mathrm{T}$;$B$ 为 16×6 的输入矩阵。这里矩阵 A 与矩阵 B 的表达式为

$$
A =
\begin{bmatrix}
-a_{93} & 0 & -a_{69} & 0 & 0 & 0 & 0 & a_{23} & 0 & 0 & 0 & 0 & 0 & 0 & 0 \\
-a_{103} & 0 & -a_{129} & a_{14} & 0 & 0 & 0 & 0 & 0 & 0 & 0 & 0 & 0 & 0 & 0 \\
0 & 1 & -a_{169} & 0 & 0 & 0 & 0 & 0 & 0 & 0 & 0 & 0 & 0 & 0 & 0 \\
a_{113} & 0 & a_{59} & -a_{14} & 0 & 0 & a_{21} & 0 & 0 & 0 & 0 & 0 & 0 & 0 & 0 \\
-a_{133} & 0 & a_{79} & a_1 & a_5 & a_{10} & 0 & 0 & a_{33} & a_{38} & 0 & -a_{85} & 0 & 0 & 0 \\
a_{143} & 0 & a_{89} & a_2 & a_6 & 0 & 0 & 0 & -a_{35} & a_{39} & 0 & -a_{95} & 0 & 0 & 0 \\
-a_{153} & 0 & -a_{99} & -a_3 & 0 & a_7 & a_{12} & a_{16} & a_{34} & 0 & a_{41} & 0 & -a_{115} & 0 & 0 \\
-a_{173} & 0 & -a_{119} & 0 & 0 & a_9 & a_{14} & a_{18} & a_{37} & a_{43} & 0 & -a_{135} & 0 & 0 & 0 \\
-a_{163} & 0 & -a_{109} & 0 & 0 & a_8 & a_{13} & a_{17} & a_{36} & a_{42} & 0 & -a_{125} & 0 & 0 & 0 \\
0 & -a_{123} & -a_{49} & 0 & -a_4 & a_{11} & 0 & a_{22} & 0 & 0 & 0 & 0 & 0 & 0 & 0 \\
0 & -a_{139} & \omega_{\text{base}} & 0 & 0 & 0 & 0 & -a_{118} & a_{123} & 0 & -a_{155} & a_{1001} & a_{135} & a_{143} \\
0 & -a_{149} & 0 & 0 & \omega_{\text{base}} & 0 & 0 & a_{119} & -a_{124} & 0 & -a_{165} & a_{10111} & a_{136} & a_{144} \\
0 & -a_{159} & 0 & 0 & 0 & a_{15} & 0 & 0 & 0 & -a_{315} & 0 & 0 & & & \\
0 & 0 & 0 & 0 & 0 & 0 & 0 & 1 & 0 & -a_{215} & 0 & 0 & 0 & & \\
0 & 0 & 0 & 0 & 0 & 0 & 0 & 0 & 1 & -a_{115} & 0 & 0 & 0 & & \\
0 & 0 & 0 & 0 & 0 & 0 & 0 & -a_{122} & -a_{127} & 0 & 0 & a_{175} & -a_{981} & -a_{133} & -a_{141} \\
0 & 0 & 0 & 0 & 0 & 0 & 0 & a_{121} & -a_{126} & 0 & 0 & -a_{185} & -a_{991} & -a_{134} & -a_{142} \\
0 & 0 & 0 & 0 & 0 & 0 & 0 & 0 & 0 & 0 & 0 & -a_{1031} & -a_{137} & -a_{145}
\end{bmatrix}
$$

$$
B = \begin{bmatrix}
0 & 0 & 0 & 0 & 0 & 0 \\
0 & 0 & 0 & 0 & 0 & 0 \\
a_{1t9} & 0 & 0 & 0 & 0 & 0 \\
0 & 0 & 0 & 0 & 0 & 0 \\
0 & 0 & 0 & 0 & 0 & 0 \\
0 & 0 & 0 & 0 & 0 & 0 \\
0 & 0 & 0 & 0 & 0 & 0 \\
0 & 0 & 0 & 0 & 0 & 0 \\
0 & 0 & 0 & 0 & 0 & 0 \\
0 & 0 & 0 & 0 & -a_{120} & 0 \\
0 & 0 & 0 & 0 & -a_{125} & 0 \\
0 & 0 & 0 & 0 & 0 & 0 \\
0 & 0 & 0 & 0 & 0 & 0 \\
0 & a_{4t5} & 0 & 0 & a_{19t5} & 0 \\
0 & 0 & 0 & 0 & a_{102t1} & a_{104t1} \\
0 & 0 & -a_{2t6} & 0 & a_{3t6} & a_{4t6} \\
0 & 0 & 0 & a_{2t7} & a_{2t8} & a_{1t8}
\end{bmatrix}
$$

系统输出方程一般可写为

$$\vec{y}_{\Delta} = C\vec{x}_{\Delta} + D\vec{u}_{\Delta} \tag{3-74}$$

式(3-74)为一个由代数公式组成的矩阵公式,可根据研究需要添加或删减所要观察的系统输出量。

3.5 算例仿真

以上构建了研究所需的大波动模型和小干扰模型,为了验证其有效性,本书在 Matlab/Simulink 环境下搭建了大波动模型和小干扰模型的仿真模型,并结合实际工程进行了算例仿真和分析。

3.5.1 算例基本参数

结合长江上游某单机 770 MW 水电送端孤岛系统经 HVDC 送电到远方负荷中心的系统,进行算例仿真,该系统具有图 1-1 所示的系统结构,经适当简化和处理后可建立如图 3-1 所示的系统模型。系统数据来自作者参与的某 HVDC 水电孤岛系统建模研究和公开发表文献资料,由于受多种因素的限制,难以获得该HVDC 孤岛系统的完整结构和参数数据,因此本书参考 HVDC 系统稳定性分析和水轮机调节系统分析过程中广泛采用的策略,采用部分公开报道的相近典型结构和参数,并将其用于近似模拟实际工程结构和参数,以确保数值结果不失一般性、定性结论具有通用性,并能够有效指导实践。

本书的算例中,HVDC 水电孤岛系统送端水电站装有 9 台混流式水电机组,单机额定功率 770 MW,额定容量 855.6 MVA;机组采用单元接线,升压变额定电压 20 kV/525 kV,短路阻抗 16%;忽略交流线路;为便于研究并不失一般性,HVDC 只考虑单极系统,直流额定功率 1 000 MW,额定电压 500 kV,额定电流 2 kA,直流线路总长 1 286 km,直流线路电阻 12.43 Ω,线路电感 1.027 5 H,平波电抗器电感 0.6 H。直流控制器参数采用文献[142]中的参数,不考虑换流变分接头动态特性。

3.5.2　单机甩负荷仿真试验

为验证水轮机调节系统模型的准确性,将大波动模型中的电磁部分用一个电磁力矩阶跃信号代替,在 $t=5$ s 时进行 160 m 水头 500 MW 单机甩负荷试验,试验结果如图 3-6 所示,现场录波结果如图 3-7 所示。

由图 3-6 可见,在 $t=5$ s 时对水轮机调节系统施加甩负荷扰动后(令电磁力矩阶跃到 0),系统频率迅速升高,调速器检测到频率快速上升后迅速动作,减小控制开度,随动系统跟随控制开度,关小导叶开度,水轮机输出力矩在出现短暂的反调过程后随导叶开度下降而下降。在频率开始降低一段时间后,调速器缓慢增加导叶开度到空载开度附近,系统频率逐渐稳定到额定频率附近,系统逐步转入甩负荷后新的稳态。这里的分段关闭特性反映了实际随动系统的分段关闭特性。由图 3-6 甩负荷过程分析可见,该水轮机调节系统模型可反映实际系统的响应特性。

图 3-7 给出了相同工况下的现场录波曲线。对比图 3-6 和图 3-7 可见,对于频率响应过程,现场曲线中,频率从稳态值 50 Hz($t=54.3$ s)上升到峰值 61.9 Hz($t=68$ s),耗时 13.7 s 左右,从峰值到新稳态值($t=108$ s)耗时 40 s 左右;仿真曲线中,频率从稳态值($t=5.06$ s)上升到峰值 61.65 Hz($t=16.42$ s)耗时 11.7 s 左右,从峰值到稳态值耗时 39 s 左右,可见,仿真频率过程与现场曲线吻合。另外,仿真导叶开度响应和实测曲线也比较吻合,并反映出了实际随动系统的分段关闭特性。由此可见,所建立的水轮机调节系统模型可以准确反映实际系统响应特性。

3.5.3　带负荷机端电压扰动仿真试验

为验证大波动模型和小干扰模型中无功—电压系统建模的准确性,分别针

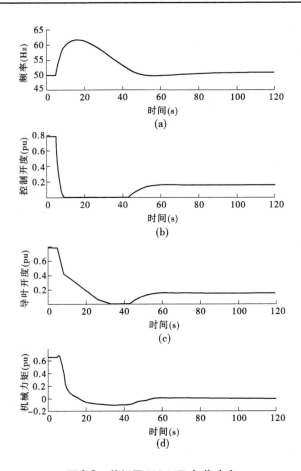

图 3-6　单机甩 500 MW 负荷响应

对两种模型进行了带负荷机端电压扰动仿真试验。初始负荷为 500 MW 左右，在 $t=5$ s 时，对励磁调节器参考输入施加 0.3% 阶跃扰动（注意到 ST1A 励磁调节系统具有很高的增益，应限制扰动幅值，否则小干扰假设将不再成立），可得如图 3-8 所示的大波动仿真响应和图 3-9 所示的小干扰仿真响应。

　　由图 3-8 可见，在 $t=5$ s 时，通过励磁调节器参考输入施加 0.3% 阶跃扰动后，励磁装置立刻快速响应，励磁电压大幅增加，相应地，机端电压从初值迅速上升，扰动后 1 s 左右达到新稳态。随着机端电压达到稳态值，励磁电压输出返回到比原来略高的新稳态值。在机端电压扰动响应过程中，直流功率出现了幅值很小的波动，反映了电压的变化会引起电磁功率的波动。

　　由图 3-9 的小干扰模型响应曲线可见，在 $t=5$ s 时，施加机端电压给定扰动后，励磁电压快速上升，机端电压也随之上升，并在扰动后 2 s 左右稳定到期望

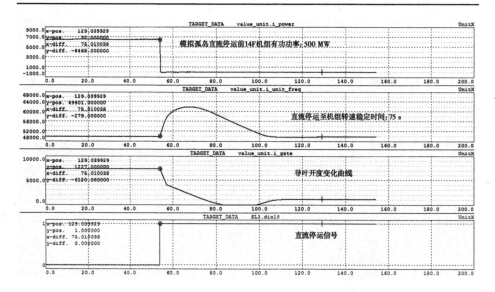

图 3-7　单机甩 500 MW 负荷现场录波曲线

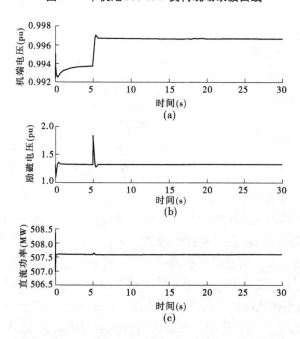

图 3-8　大波动模型机端电压阶跃上扰 0.3% 响应曲线

值。直流功率也经历了小幅值波动。

　　对比图 3-8 和图 3-9 可见,大波动模型和小干扰模型在相同工况对同一个扰动的响应一致,稳态结果基本相同。上述仿真结果表明,所建立的模型能够模

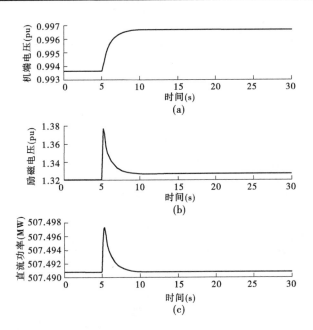

图 3-9　小干扰模型机端电压阶跃上扰 0.3% 响应曲线

拟无功—电压过程,小干扰模型与大波动模型具有一致性。

3.5.4　直流扰动仿真试验

为进一步验证直流系统模型的准确性,在 $t=5$ s 时,分别对大波动模型和小干扰模型的直流电流给定施加 3% 额定电流(对应 0.015 6 pu 直流电流)扰动试验,试验结果如图 3-10 和图 3-11 所示。

由图 3-10 可见,在 $t=5$ s 时,对直流参考信号施加 3% 额定直流电流阶跃扰动后,直流整流触发角几乎立刻高频振荡减小,然后稳定到新的较小稳态值,直流电流随触发角变化而快速响应到新稳态值,与给定值相同,这表明,控制响应无稳态误差。另外,伴随直流电流给定的增加,直流功率也在相应地增加。由图 3-11 可见,小干扰模型在同样的初值和扰动条件下,响应过程与大波动模型一致。

将扰动开始的 0.5 s 曲线放大,可以观察到系统经历了快速响应过程,在约 40 ms 内控制和响应均接近稳态值,这显示所建立的模型能够模拟直流系统功率的快速可控性。

由上述甩负荷仿真、机端电压扰动大波动模型和小干扰模型仿真、直流电流扰动大波动模型和小干扰模型仿真的结果及分析表明,所建立的大波动模型可反映实际过程的基本特性,小干扰线性模型可反映初始工况点附近的系统特性。

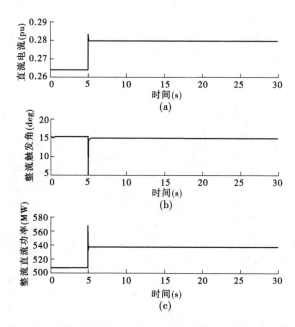

图 3-10　大波动模型直流电流阶跃上扰 3% 额定电流响应

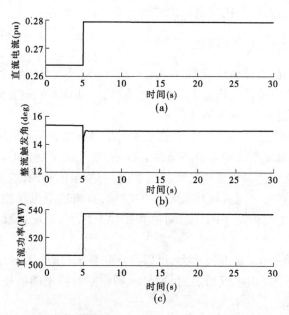

图 3-11　小干扰模型直流电流阶跃上扰 3% 额定电流响应曲线

3.6 小 结

HVDC 水电孤岛系统是复杂非线性系统,具有阶数高、参数时变、水力—机械—电磁等多物理过程耦合等特性。本章对 HVDC 水电孤岛系统大波动模型和小干扰模型进行了研究,主要工作如下:

(1)研究了 HVDC 水电孤岛系统的模型特性,对其中的水轮机模型和直流模型进行了重点探讨,分析了不同水轮机模型的优点、局限性和应用范围,讨论了不同直流模型的特性。

(2)推导建立了 HVDC 水电孤岛系统稳定性分析大波动数学模型,为系统稳定性分析奠定了基础。

(3)在大波动模型的基础上给出了小干扰线性模型,为小干扰稳定性分析提供了模型对象,并由该模型得出了 HVDC 水电孤岛系统具有水力—机械—电磁耦合特性。

(4)在 Matlab/Simulink 环境下搭建了系统大波动模型和小干扰模型的数值仿真平台,通过多个典型算例,验证了所建模型的准确性,为后续研究提供了研究平台和分析基础。

4　HVDC 水电孤岛系统频率稳定性分析

4.1　引　言

　　系统的频率稳定性分析是电力系统研究与工程应用中十分重要的内容,对 HVDC 水电孤岛系统研究而言更是如此。系统能否采用孤岛运行方式,如何保证扰动后系统仍能稳定运行,系统的频率稳定性与参数变动有怎样的规律等关键问题均可通过系统频率稳定性分析得到解答。

　　针对天广直流水电孤岛系统、云广直流水电孤岛系统和锦苏直流水电孤岛系统等多个 HVDC 水电孤岛系统的运行试验结果表明,孤岛方式下的送端系统频率更易出现不稳定现象。为解决这一问题,某些研究在不考察孤岛调速器参数是否合理的情况下,进行调速器独立控制孤岛系统频率时的仿真或调试,并基于所得出的较差甚至不稳定的频率控制响应,认为调速器难以独立控制孤岛频率,进而转将直流附加频率控制作为孤岛调频的主导控制(设置附加频率控制频率死区小于调速器频率死区)。直流附加频率控制虽然能够有效稳定孤岛系统频率,但是也存在一定缺陷,即直流附加频率控制过度参与孤岛调频将给受端带来长期功率扰动,恶化受端有功频率运行条件。因此,对孤岛方式下调速器独立调频时的参数稳定性进行研究,寻求合理的控制参数,对电力系统安全稳定运行具有重要意义。

　　HVDC 水电孤岛系统是一个强非线性、参数时变、多物理过程耦合的复杂系统,当系统中的水电机组从一般的联网运行方式转入孤岛运行方式时,其所连接的电网特性(负载特性)将发生巨大改变,此时,水轮机调节系统的稳定性必然随之发生变化,由此将引出一个新的问题,即水轮机调节系统在孤岛方式下将有怎样的有功频率稳定性? 这个问题目前尚缺少系统深入的研究。

　　本章针对以上现状,采用第 2 章所讨论的小干扰特征值分析方法和时域仿真方法及第 3 章所建模型,对调速器独立控制孤岛频率时 HVDC 水电孤岛系统的频率稳定性进行了全面、深入的分析。由于小干扰稳定分析方法主要揭示系统在初始平衡点附近的稳定特性,而工程实际中,系统工况点将在宽广的运行范围内改变,因此有必要对多个工况点进行研究,进而总结系统频率稳定性的一般规律。本章按机组功率水平分别选择额定水头下的重载工况(以 90% 额定出力表示)、中等负载工况(以 60% 额定出力表示)和轻载工况(以 30% 额定出力表示)等三个典型工况进行研究。

4.2 孤岛方式重载工况下的系统频率稳定性

通过大波动模型稳态值计算,可得系统在 90% 机组额定出力和额定水头工况下的参数初值,表 4-1 给出了部分主要参数初值。表中,e_{my}、e_{mh} 和 $e_{m\omega}$ 分别为水轮机力矩对开度、水头和转速的传递系数;e_{qy}、e_{qh} 和 $e_{q\omega}$ 分别为水轮机流量对开度、水头和转速的传递系数。

表 4-1　重载工况下的部分参数初值

参数	初值	参数	初值
e_{my}	1.021 8	e_{qy}	1.049 0
e_{mh}	1.452 4	e_{qh}	0.610 7
$e_{m\omega}$	-1.164 4	$e_{q\omega}$	-0.348 8

4.2.1 联网参数频率稳定性分析

某些 HVDC 水电孤岛系统在调试初期,直接采用联网方式下的控制参数作为孤岛方式时的调速器参数,此时可能难以获得较好的动态性能,为从理论上说明这一情况,本书结合表 4-2 所示的某工程中应用的联网调速器参数,进行了该种情形下的系统小干扰特征值分析,研究其稳定特性。

表 4-2　联网调速器参数

参数	值
K_p	0.28
K_i	0.16
K_d	0

4.2.1.1 特征值分析

采用表 4-2 所示联网调速器控制参数和表 4-1 所示的重载工况初始状态参数,可计算得到系统状态矩阵特征值,如表 4-3 所示。

表 4-3　联网调速器参数条件下的重载工况系统状态矩阵特征值

特征值 λ_i	值	阻尼比	振荡频率（Hz）	衰减时间常数（s）
1	-1.13×10^4	—	—	$8.849\,6 \times 10^{-5}$
2	$-0.989 + 4\,511.0i$	2.19×10^{-4}	718.0	1.01
3	$-0.989 - 4\,511.0i$	2.19×10^{-4}	718.0	1.01
4	$-729.0 + 950.0i$	0.609	151.0	0.001 37
5	$-729.0 - 950.0i$	0.609	151.0	0.001 37
6	$-1\,211.0$	—	—	$8.257\,6 \times 10^{-4}$
7	-108.0	—	—	0.009 3
8	-81.7	—	—	0.012 2
9	-47.5	—	—	0.021 1
10	-11.8	—	—	0.084 7
11	$-5.93 + 7.05i$	0.644	1.12	0.169
12	$-5.93 - 7.05i$	0.644	1.12	0.169
13	-7.14	—	—	0.140 1
14	$-0.006\,03 + 0.129i$	0.046 7	0.020 5	166.0
15	$-0.006\,03 - 0.129i$	0.046 7	0.020 5	166.0
16	-0.585	—	—	1.709 4
17	-1.09	—	—	0.917 4
18	-1.02	—	—	0.980 4

根据表 4-3 中的特征值和式（2-11）～式（2-13），可得共轭复根的对应系统响应阻尼比、振荡频率和衰减时间常数。对于负实数特征根，其对应的响应模式阻尼比大于或等于 1，且为无振荡的单调过程，此处，仅给出其对应系统响应的时间常数。

由表 4-3 可见，在联网调速器参数和重载工况下，系统所有特征值实部都为负值，表明采用该参数，在重载工况下系统是小干扰稳定的。

由表 4-3 中特征值的类型可知，系统在该参数和工况下的特征值包含 10 个负实特征值和 4 对共轭复特征值，分别对应 10 个指数衰减响应模式和 4 个振荡响应模式（包括 2 个具有 718.0 Hz 和 151.0 Hz 振荡响应频率的高频模式、1 个 1.12 Hz 的低频模式和 1 个 0.020 5 Hz 的极低频模式）。绝大部分特征值位于复平面左半平面远离虚轴的区域,这些特征值对应的响应将在扰动后迅速衰减,因而对孤岛系统的频率响应影响不大,可以忽略。然而,14 号 、15 号共轭特征值的实部接近 0,衰减时间常数为 166.0 s,远高于其他特征值对应的衰减时间常数,将在其他特征值响应快速衰减后主导系统响应特性,为系统的主导特征值,该主导特征值对应一个弱阻尼(阻尼比为 0.046 7)、极低频率(0.020 5 Hz)、长时间衰减(衰减时间常数为 166.0 s)的振荡响应模式。由二阶系统的建议阻尼比范围为 0.4 ~ 0.8 可知,该参数下的阻尼过小,将产生高超调量慢衰减响应。

　　由表4-3 中系统特征值对应模式的响应振荡频率可知,系统中存在高频、低频和极低频振荡响应模式,这从侧面显示了 HVDC 水电孤岛系统是一个集慢速或中等速度的水力过程、机械过程和快速的电磁过程为一体的复杂耦合系统。

　　由表4-3 中系统特征值对应模式的响应衰减时间常数看,实部绝对值很大的特征值迅速衰减,绝大部分特征值响应模式在 1 s 内衰减到初始幅值的 37%以内,主导特征值具有超出其他特征值 2 个数量级以上的衰减时间常数。

4.2.1.2　参与矩阵分析

　　通过参与矩阵分析,可以找到系统中对所关注的特征值有重大影响的状态量,从而找到影响某个特征值对应响应模式的因素。根据式(2-23)计算主导特征根 $\lambda_{14,15}$ 的参与矩阵,可得如表4-4 所示的结果,该表只显示了参与矩阵的非零幅值(四舍五入保留到千分位)。

表4-4　重载工况下的参与矩阵分析表

$\lambda_{14} = -0.006\ 03 + 0.129i$	$\lambda_{15} = -0.006\ 03 - 0.129i$	状态变量
0.016	0.016	h_Δ
0.511	0.511	$y_{c\Delta}$
0.009	0.009	$x_{2\Delta}$
0.245	0.245	y_Δ
0.001	0.001	$\psi_{q\Delta}$
0.002	0.002	$\psi_{d\Delta}$
0.002	0.002	$\psi_{kd\Delta}$
0.001	0.001	$\psi_{fd\Delta}$
0.435	0.435	ω_Δ

　　由表4-4 可见,调速器控制开度 $y_{c\Delta}$ 、转速 ω_Δ 和导叶开度 y_Δ 是影响由主导特征值 $\lambda_{14,15}$ 表示的振荡模式的主要因素。这表明该主导特征值表示的振荡模式

可能为与水轮机调速系统相关的响应模式。

4.2.1.3　参数灵敏度分析

参数灵敏度分析可以确定对关注的特征值变化有较大影响的状态矩阵元素,从而为特征值的调整提供指导。按式(2-30)可求出主导特征值 $\lambda_{14,15}$ 对应的状态矩阵参数灵敏度矩阵,如表 4-5 所示。为便于观察,表 4-5 中只显示经四舍五入保留到十分位的灵敏度矩阵元素的幅值,全 0 行不显示。

表 4-5　重载工况下的参数灵敏度矩阵幅值

状态矩阵																		状态量
1	2	3	4	5	6	7	8	9	10	11	12	13	14	15	16	17	18	
0	0.1	0	0.1	0	0	0.1	0.1	0.1	0.1	0	0	0.1	0	0	0	0	0	h_Δ
0.1	0.5	0.1	0.5	0.1	0	0.4	0.4	0.5	0.4	0.1	0.1	0.7	0.1	0	0	0	0	$y_{c\Delta}$
0	0.1	0	0.1	0	0	0.1	0.1	0.1	0.1	0	0.1	0	0.1	0	0	0	0	$x_{2\Delta}$
0	0.2	0	0.2	0	0	0.2	0.2	0.2	0.2	0	0.1	0.3	0	0	0	0	0	y_Δ
0.1	0.5	0.1	0.5	0.1	0	0.4	0.4	0.5	0.4	0.1	0.1	0.7	0.1	0	0	0	0	ω_Δ

对比表 4-5 和式(3-73)所示的状态矩阵 A 可见,特征值可能对不可调参数具有很高的灵敏度,此时应结合可调参数进行分析。值得注意的是,对高阶系统而言,状态矩阵的元素即线性微分方程的系数,一般是一个非常复杂的表达式,对该表达式进行参数特性分析十分困难。因此,对于这样复杂的系统,参数灵敏度一般仅给出特征值对某个状态的微分方程系数敏感的定性指导。

由表 4-5 可见,主导特征值对水轮机调速系统状态的微分方程系数敏感,表明可以通过调速系统参数设置来调整主导特征值,从而调整系统稳定性。

4.2.1.4　时域仿真

时域仿真的重要优势是可以直观地反映出系统的稳定特性,特别适用于验证其他分析方法的结果。为验证以上针对联网调速器参数的小干扰特征值分析结果,进行了该参数下的时域仿真,这里,以直流电流给定扰动为例进行说明。在 $t=5$ s 时,对直流电流给定施加 $-0.038\ 5$ pu(对应 -5% 的机组额定功率)阶跃扰动,系统频率响应如图 4-1 所示。

由图 4-1 可见,在 $t=5$ s 时施加 -5% 机组额定功率阶跃扰动后,系统频率响应为一个慢速衰减振荡过程,系统频率调节时间超过 130 s,这与上文采用小干扰特征值法的分析结果一致。

由上述小干扰特征值分析和时域仿真可知,在联网调速器参数和重载工况下,系统可以稳定,但因在复平面左半平面存在一对紧靠虚轴的特征值,使得系

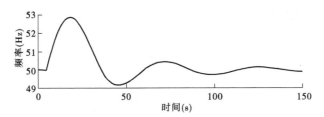

图 4-1　联网参数孤岛方式重载工况下的频率响应

统动态响应品质较差,难以满足工程要求。

4.2.2　一般参数频率稳定性分析

本节给出重载工况下,HVDC 水电孤岛系统调速器一般参数的稳定性分析,求解系统在该工况下的调速器参数稳定域,通过劳斯 – 赫尔维茨判据和时域仿真检验该稳定域结果,利用参数截面法分析稳定域的变化趋势,然后基于主导特征值根轨迹法分析系统主导特征根随参数的变化规律,并通过时域仿真进行验证。

4.2.2.1　调速器 PID 控制参数稳定域求解

参数的稳定域为使系统稳定的参数集合。劳斯 – 赫尔维茨判据是线性系统参数稳定域求解常用的依据,利用劳斯表的首列元素同号条件可以得到稳定域约束不等式,也可采用求出状态矩阵的符号特征值,然后要求所有特征值实部小于 0 的方法获取稳定域约束不等式。需要说明的是,在系统阶数较低的情况下,可以得到不等式的解析解,从而得到理论稳定域;但在系统阶数较高,不等式中含 4 次以上的关于控制参数的项时,受限于当前的多项式方程求解理论,尚不能给出一般情形的解析解,此时只能进行数值求解。

HVDC 水电孤岛系统是一种多物理过程耦合的复杂非线性系统,对其无功电压过程和线路、HVDC 等进行大量简化后所得模型仍为高阶模型,因本书频率稳定分析模型为 18 阶,应采用数值解法求解调速器控制参数稳定域。

由上述讨论可知,若将实数看作虚部为 0 的复数,则线性状态方程系统的稳定域约束条件等价于如下不等式的解集

$$f_{nc}(C_{c1},\cdots,C_{cm}) = \max(real(\lambda_1),real(\lambda_2),\cdots,real(\lambda_n)) < 0 \quad (4\text{-}1)$$

式中,f_{nc} 为关于控制参数 $C_{ci}(i=1,\cdots,m)$ 的表达式。

对式(4-1)进行数值求解时,可通过先采用较大的参数步长并考虑典型参数范围寻找参数稳定边界,然后缩小参数步长以得到精细的稳定域。

采用上述稳定域求解方法,以调速器 3 个参数 K_p、K_i 和 K_d 作为可变参数,其他参数采用固定值,应用该重载工况下的初始参数,可得 HVDC 水电孤岛系统

重载工况下的调速器参数稳定域如图 4-2 所示。

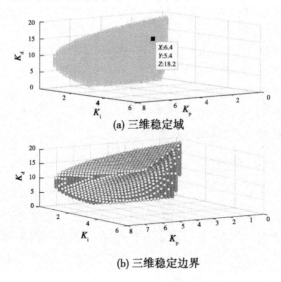

(a) 三维稳定域

(b) 三维稳定边界

图 4-2　重载工况下的调速器参数稳定域

由图 4-2 可见,HVDC 水电孤岛系统调速器独立控制孤岛频率重载工况下的调速器参数稳定域为一个不规则类似锥体的实体,由该实体外形可见,重载工况下调速器独立孤岛调频存在较大的参数稳定域。

4.2.2.2　基于劳斯 – 赫尔维茨判据和时域仿真的 PID 参数稳定域验证

为检验图 4-2 稳定域计算的结果,采用劳斯 – 赫尔维茨判据对图 4-2 中的典型参数进行验证。

基于劳斯 – 赫尔维茨判据的 PID 参数稳定域验证采用以下步骤:

(1)求取以 K_p、K_i 和 K_d 为可变参数的系统特征多项式

$$a_{c18}\lambda^{18} + a_{c17}\lambda^{17} + \cdots + a_{c1}\lambda^1 + a_{c0}\lambda^0 = 0 \tag{4-2}$$

(2)求取劳斯表的第一列元素如下

$$[a_{c18} = 1, a_{c17} = 14\,300, B_{c1}, C_{c1}, D_{c1}, E_{c1}, F_{c1}, G_{c1}, H_{c1}, J_{c1}, K_{c1}, L_{c1}, M_{c1},$$
$$N_{c1}, P_{c1}, Q_{c1}, R_{c1}, T_{c1}, U_{c1}]^T \tag{4-3}$$

式中各元素除前两项和末项外,其他各项均为长多项式,可通过数学软件求解。

根据劳斯 – 赫尔维茨判据,系统在平衡点附近稳定的充要条件为式(4-3)各项系数同号,即

$$\left.\begin{array}{l} B_{c1} > 0, C_{c1} > 0, D_{c1} > 0, E_{c1} > 0, F_{c1} > 0, G_{c1} > 0, H_{c1} > 0, J_{c1} > 0, K_{c1} > 0 \\ L_{c1} > 0, M_{c1} > 0, N_{c1} > 0, P_{c1} > 0, Q_{c1} > 0, R_{c1} > 0, T_{c1} > 0, U_{c1} > 0 \end{array}\right\}$$

$$\tag{4-4}$$

（3）典型参数验证。任选参数稳定边界内一点 Coef1（$K_p = 6.4$，$K_i = 5.2$，$K_d = 17.8$），边界外一点 Coef2（$K_p = 6.4$，$K_i = 5.5$，$K_d = 18.2$），可得其劳斯表首列元素值，如表4-6所示。

表4-6　劳斯表首列元素值

首列系数	Coef1	Coef2
a_{c18}	1	1
a_{c17}	14 300	14 300
B_{c1}	3.4×10^7	3.4×10^7
C_{c1}	3.54×10^{10}	3.54×10^{10}
D_{c1}	3.73×10^{13}	3.73×10^{13}
E_{c1}	2.38×10^{17}	2.38×10^{17}
F_{c1}	4.81×10^{20}	4.81×10^{20}
G_{c1}	1.09×10^{23}	1.09×10^{23}
H_{c1}	8.84×10^{24}	8.84×10^{24}
J_{c1}	3.43×10^{26}	3.43×10^{26}
K_{c1}	6.4×10^{27}	6.4×10^{27}
L_{c1}	6.38×10^{28}	6.38×10^{28}
M_{c1}	4.07×10^{29}	4.07×10^{29}
N_{c1}	1.69×10^{30}	1.69×10^{30}
P_{c1}	1.54×10^{30}	1.51×10^{30}
Q_{c1}	1.16×10^{29}	5.59×10^{28}
R_{c1}	9.87×10^{29}	1.41×10^{30}
T_{c1}	7.14×10^{26}	-8.65×10^{27}
U_{c1}	4.2×10^{29}	4.44×10^{29}

由表4-6可见，对于边界内的参数 Coef1（$K_p = 6.4$，$K_i = 5.2$，$K_d = 17.8$），劳斯表首列元素均为正值，表明系统是稳定的，这与系统稳定域计算结果吻合。对于边界外的参数 Coef 2，所得劳斯表首列的倒数第 2 行出现负值（-8.65×10^{27}），其他行均为正值，劳斯表首列元素出现了符号改变，表明系统是不稳定的，与稳定域计算得出的结果一致。此外，由劳斯表首列元素之间变号的次数等于系统中不稳定特征值个数的判据可知，本系统中有 2 个不稳定特征

值。对参数 Coef 2 下的特征值计算显示,系统存在一对实部为 0.015 6 的共轭复数特征值,其他特征值实部均为负值。由上述分析可知,稳定域计算结果与劳斯 – 赫尔维茨判定结果一致,验证了稳定域结果的准确性。

　　将以上两组参数分别代入时域仿真模型中,通过对直流电流给定施加扰动信号,进行 2% 机组额定出力的阶跃扰动时域仿真,可得如图 4-3 所示的频率时间响应。

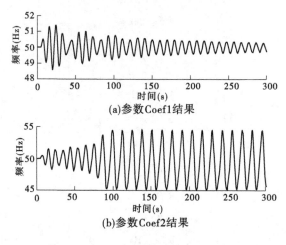

(a)参数 Coef1 结果

(b)参数 Coef2 结果

图 4-3　频率时间响应

　　由图 4-3 可见,采用稳定域靠近边界内外的参数,分别得到了稳定和不稳定的时间响应,与稳定域结果一致。另外,由图 4-3(a)可见,在稳定边界附近的稳定参数对应的系统动态品质很差。

4.2.2.3　PID 参数的稳定域分析

　　线性系统参数的稳定域是使系统在平衡点附近得以稳定的参数集合,稳定边界即稳定域的边界规定了控制参数可以整定的稳定范围,对其计算结果的应用一般要留出一定的安全裕度。系统的参数稳定域及其变化趋势能够反映系统稳定性随参数改变的本质特性。

　　由图 4-2 可见,三个控制参数 K_p、K_i 和 K_d 的稳定域对应一个不规则空间实体,难以直接观察,故本书经比较分析,利用 K_d =0、6、12、16 和 18 时的参数平面截取三维稳定域,获取相应的参数稳定截面,如图 4-4 所示,然后在这些平面上进行参数变化时的系统稳定域分析。

　　由图 4-4(a)可见,K_d =0 时,稳定参数截面呈抛物线形,此时调速器的调节器为 PI 调节器,随着 K_p 从 0 增大,K_i 的稳定取值范围先逐渐增大,达到顶点后再逐渐减小,表明此时系统的参数稳定范围随 K_p 先增大后减小。

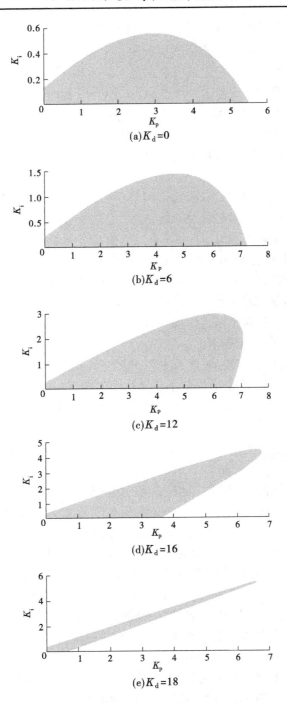

(a)$K_d=0$

(b)$K_d=6$

(c)$K_d=12$

(d)$K_d=16$

(e)$K_d=18$

图 4-4 重载工况下的稳定参数截面

由图 4-4（b）可见，$K_d = 6$ 时，稳定参数截面类似于向右挤压的抛物线形，此时调节器为 PID 型，参数的稳定截面面积出现了大幅的增大，这主要得益于 K_i 的稳定范围大幅增大，K_p 的稳定范围也出现了较大幅增大，表明随着 K_d 从 0 增加到 6 时，系统的稳定参数范围大幅增加，这也显示，调速器微分项的引入将增大重载工况孤岛方式下的调速器参数稳定范围。

由图 4-4（c）可见，$K_d = 12$ 时，稳定参数截面右侧边界单调特性发生了改变，出现了一个 K_p 值对应两个 K_i 边界值的情况，显示水平方向的稳定边界开始收缩，但竖直方向仍在大幅增大，使得参数稳定截面面积仍出现了大幅增大，这表明随着 K_d 继续增大，系统的稳定参数范围仍在大幅增大，但 K_p 的稳定范围有所减小，K_p 较大且 K_i 较小的参数区域开始变为不稳定参数区域。

由图 4-4（d）可见，$K_d = 16$ 时，稳定参数截面具有与 $K_d = 12$ 时相似的边界外形，但在 K_i 较小且 K_p 较大的区域，出现了大面积不稳定参数区域，稳定截面面积在竖直方向仍有所增大，但水平方向大幅缩小，使得此时的参数稳定截面面积开始减小，这表明随着 K_d 继续增大，系统的稳定参数范围开始减小。

由图 4-4（e）可见，随着 K_d 继续增大到 18，系统的参数稳定截面大幅收缩，并随着 K_d 的继续增大，达到封闭。

综合参数截面分析可知，随着 K_d 从 0 开始逐渐增大，系统的参数稳定截面呈现出先慢后快增大—先慢后快减小直到封闭的特点。注意到，在 K_d 较大时，需要 K_p 较小且 K_i 较小，或 K_p 较大且 K_i 较大，才能使系统运行在稳定参数范围内。

4.2.3　根轨迹分析

对稳定域的求解和分析可以确定系统的绝对稳定特性，但工程实际中除要求系统绝对稳定外，还需要系统满足一定的相对稳定性和动态性能要求，长期接近稳定极限运行，动态响应过慢或超调量过大等在工程实际中均是难以接受的。因此，有必要分析系统在参数变化时的相对稳定性和动态特性变化规律。

通过在复平面上画出系统特征值随研究参数变化的根轨迹，结合系统根轨迹与相对稳定性的关系及系统在复平面上的阻尼特性与动态特性的关系，可以深刻揭示系统相对稳定性和动态特性随参数的变化规律。高阶系统的主导特征根将在非主导根对应的响应快速衰减后主导系统稳定特性，故本书对高阶系统的根轨迹分析采用主导根轨迹分析方法。

根轨迹分析一般为单参数分析，需要确定一个起始参数位置，经分析比较，以控制参数 $K_p = 2.283\ 5$，$K_i = 0.193\ 5$，$K_d = 4.381\ 2$ 为根轨迹分析的参数起点，分别对 K_p、K_i 和 K_d 进行根轨迹分析。

4.2.3.1　关于 K_p 的根轨迹分析

以 K_p 为控制参数,可得系统主导特征根在复平面上随 K_p 变化的根轨迹,如图 4-5 所示。

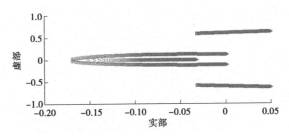

图 4-5　重载工况下关于 K_p 的根轨迹

由图 4-5 可见,随着 K_p 从 0 逐渐增大,系统主导特征根呈现三种不同性态:首先,当 K_p 在 0 ~ 2.44 的范围内时,系统主导根为一对共轭复根,对应一个振荡响应模式,该对共轭复根从复平面右侧随着 K_p 增大逐渐移动到左侧,显示此时系统相对稳定性随 K_p 增大而提高;其次,当 K_p 在 2.45 ~ 6.05 范围内时,系统主导根为一个实数根,对应一个指数响应模式,该实根随 K_p 增大而从复平面左侧向右侧移动,这表明系统相对稳定性逐渐降低;最后,当 K_p 在 6.06 ~ 6.74 范围内时,系统主导根再次变为一对共轭复根,对应振荡响应模式,该对共轭复根随 K_p 增大而继续向复平面右侧移动,显示系统相对稳定性随 K_p 增大而继续降低,在 K_p 大于 6.75 时,系统主导根进入右半平面不稳定参数范围。

由 2.3 节关于二阶系统阻尼比的讨论可知,阻尼比 ξ 反映了系统的响应速度和超调量之间的矛盾,文献[121]建议为获得满意的超调量和响应速度品质,应使阻尼比 ξ 在 0.4 ~ 0.8。

从系统共轭主导根对应的阻尼比看,在图 4-5 中,随着 K_p 从 0 增大到 2.44,系统共轭主导根阻尼比 ξ 从负值逐渐增大到正值,并不断增大到接近 1,其中推荐阻尼比范围 $0.4 < \xi < 0.8$ 对应的参数范围为 $2.19 < K_p < 2.44$;随着 K_p 从 6.06 继续增大,阻尼比 ξ 从一个接近 0(约 0.04)的正阻尼开始逐渐减小,在虚轴上减小到 0,并继续进入负阻尼不稳定参数范围。

由阻尼比 ξ 和根轨迹随参数 K_p 的变化趋势可知,当 K_p 在 2.19 ~ 2.44 范围内时,系统相对稳定性和动态特性较好(K_p 增大 ξ 增大)。

由 K_p 在重载工况下的根轨迹分析可知,随着参数 K_p 的增大,系统相对稳定性先逐渐提高,然后逐渐降低,并最终进入不稳定区域;系统的振荡阻尼先逐渐增加,然后逐渐减小,具有满意动态特性的参数在使共轭主导根在其轨迹最左侧附近区域时的参数范围内。基于 K_p 的根轨迹分析,并考虑系统的相对稳定性和动态品质,可以选择 K_p 参数值为 2.3。

4.2.3.2　关于 K_i 的根轨迹分析

取 K_p 为 2.3,K_d 仍为 4.381 2,以 K_i 为可变参数,可得如图 4-6 所示的系统主导特征根轨迹。

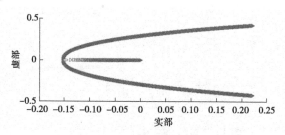

图 4-6　重载工况下关于 K_i 的根轨迹

由图 4-6 可见,在 $K_p = 2.3$ 且 $K_d = 4.381$ 2 条件下,随着 K_i 从 0 逐渐增大,系统主导特征根呈现两种特性:首先,K_i 在 0 ~ 0.169 范围内时,主导根为实数,对应指数响应模式;随着 K_i 的增大,该特征根从复平面右侧向左移动,系统相对稳定性随之提高;其次,在 K_i 从 0.17 继续增大的过程中,主导特征根变为一对共轭复根,对应振荡响应模式,随着 K_i 的增大,这对共轭主导根从复平面左侧逐渐向右侧移动,并在 $K_i = 0.892$ 附近进入右半平面系统不稳定参数范围,即系统相对稳定性随 K_i 增大而降低。

从共轭主导根阻尼比的角度看,K_i 在 0.17 ~ 0.892 范围内,阻尼比从 0.8 左右开始随 K_i 增大而逐渐减小,其中推荐阻尼比范围 $0.4 < \xi < 0.8$ 对应的参数范围为 $0.17 < K_i < 0.213$(K_i 增大阻尼比减小),并在 0.892 附近降低为负值,表明系统进入不稳定参数范围。

由 K_i 在重载工况下的根轨迹可知,随参数 K_i 的增大,系统相对稳定性先逐渐增大,然后逐渐减小,并最终进入不稳定参数范围。系统的阻尼在出现振荡响应模式后,随 K_i 的增大而逐渐减小,系统具有较好动态特性的 K_i 在使共轭主导根在其轨迹最左侧附近的参数范围内。

4.2.3.3　关于 K_d 的根轨迹分析

根据 K_p 和 K_i 的根轨迹分析结果,取 $K_p = 2.3$、$K_i = 0.2$,可得关于 K_d 的系统根轨迹,如图 4-7 所示。

由图 4-7 可见,在 $K_p = 2.3$ 且 $K_i = 0.2$ 条件下,随着 K_d 从 0 逐渐增大,系统主导特征根呈现多种性态:当 K_d 在 0 ~ 0.46 范围内时,系统主导特征根为实部小于 0 的共轭复根,对应振荡衰减响应模式,随着 K_d 的增大,主导根向复平面左侧移动,表明系统相对稳定性随 K_d 的增大而提高;当 K_d 在 0.47 ~ 3.43 范围内

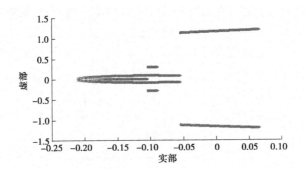

图 4-7　重载工况下关于 K_d 的根轨迹

时,系统主导根为负实根,对应衰减指数响应模式,随着 K_d 的增大,主导根向复平面左侧移动,表明系统相对稳定性随 K_d 增大而提高;当 K_d 在 3.44 ~ 15.56 范围内时,系统主导根再次变为共轭复根,并随着 K_d 的增大,系统主导根向复平面右侧移动,表明此时系统相对稳定性随 K_d 增大而降低;当 K_d 在 15.57 ~ 17.1 范围内时,系统主导根继续随 K_d 增大而向复平面右侧移动;随着 K_d 的继续增大,系统进入不稳定参数范围。

从主导根阻尼比角度看,当 K_d 从 0 增大到 0.46 时,阻尼比 ξ 逐渐从 0.16 增大到 0.19,阻尼特性提高;当 K_d 从 3.44 增大到 15.56 时,阻尼比 ξ 逐渐从 0.86 减小到 0.19,其中推荐阻尼比范围 $0.4 < \xi < 0.8$ 对应参数范围为 $3.46 < K_d <$ 4.85(K_d 增大 ξ 减小);K_d 从 15.57 继续增大时,阻尼比 ξ 从 0.05 开始逐步减小,并最终进入不稳定参数范围。

由 K_d 在重载工况下的根轨迹可知,系统随参数 K_d 的增大,相对稳定性先逐渐提高,然后逐渐降低,并最终进入不稳定参数范围。系统的振荡阻尼特性随 K_d 的增大,也呈现先提高,后降低,最后快速降低的特点。系统具有较好动态特性的 K_d 在使共轭主导根在其轨迹最左侧附近的参数范围内。

由上述重载工况下 HVDC 水电孤岛系统在调速器参数 $K_p = 2.283\ 5, K_i = 0.193\ 5, K_d = 4.381\ 2$ 附近的根轨迹分析可知,随着可变参数从 0 逐渐增加,系统的相对稳定性先逐渐提高(主导根先逐渐向复平面左半平面移动),然后,在可变参数达到某一阈值后,相对稳定性随可变参数继续增加而逐渐降低(主导根逐渐向右半平面移动),并最终进入不稳定参数范围(主导根进入右半平面),根据参数不同,系统主导根可能为实根或共轭复根。阻尼比特性分析显示,系统动态特性满足推荐阻尼比范围的参数范围出现在系统共轭主导根接近其左侧极限的区域,对应相对稳定性将要达到最高或从最高返回一定距离的参数范围内。

4.2.3.4　根轨迹参数时域仿真

根据以上根轨迹分析结果,选择参数值 $K_p = 2.3$、$K_i = 0.2$ 和 $K_d = 4.155$,通

过直流电流给定信号对孤岛系统施加 2% 机组额定出力的阶跃扰动,进行试验,并与联网参数的结果进行对比,结果如图 4-8 所示。

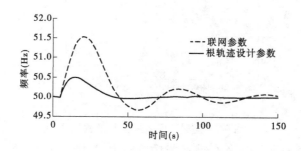

图 4-8　重载工况下扰动频率响应

由图 4-8 中的实线可见,采用由根轨迹法得到的参数时,重载工况下的孤岛系统频率响应具有较好的动态品质。对比图 4-8 中的实线与虚线可知,采用根轨迹法所得参数的系统频率响应超调量和调节时间均远小于联网参数下的结果。

4.3　孤岛方式中等负载工况下的系统频率稳定性

采用与 4.2 节相近的分析方法,对 60% 机组额定出力附近的 HVDC 水电孤岛系统频率稳定性进行小干扰特征值分析和时域分析。

通过大波动模型稳态值计算,可得系统在 60% 机组额定出力和额定水头工况下的参数初值,表 4-7 给出了部分主要参数初值。

表 4-7　中等负载工况下的部分参数初值

参数	初值	参数	初值
e_{my}	1.465 7	e_{qy}	1.279 7
e_{mh}	1.042 0	e_{qh}	0.449 1
$e_{m\omega}$	−0.927 0	$e_{q\omega}$	−0.304 2

4.3.1　联网参数频率稳定性分析

4.3.1.1　特征值分析

基于上述参数初值和联网调速器参数,利用小干扰模型,可计算得到联网参数下系统状态矩阵特征值,如表4-8所示。

表4-8 联网调速器参数条件下的中等负载工况系统状态矩阵特征值

特征值λ_i	值	阻尼比	振荡频率(Hz)	衰减时间常数(s)
1	−5 611.0	—	—	1.78×10^{-4}
2	−23.4 + 4 444.0i	0.005 27	707.0	0.042 7
3	−23.4 − 4 444.0i	0.005 27	707.0	0.042 7
4	−1 466.0 + 674.0i	0.908	107.0	6.85×10^{-4}
5	−1 466.0 − 674.0i	0.908	107.0	6.85×10^{-4}
6	−1 211.0	—	—	8.27×10^{-4}
7	−110.0	—	—	0.009 09
8	−81.8	—	—	0.012 2
9	−47.3	—	—	0.021 2
10	−6.06 + 7.6i	0.624	1.21	0.165
11	−6.06 − 7.6i	0.624	1.21	0.165
12	−10.5	—	—	0.094 8
13	−7.14	—	—	0.14
14	−0.008 12 + 0.153i	0.053	0.024 4	123.0
15	−0.008 12 − 0.153i	0.053	0.024 4	123.0
16	−1.5	—	—	0.666
17	−0.586	—	—	1.71
18	−1.02	—	—	0.984

由表4-8可见,系统在联网调速器参数和中等负载工况下的所有特征值均位于复平面左半平面,这显示在该参数条件下,系统在平衡点附近是稳定的。

由表4-8中特征值的类型和响应模式可知,系统在该参数条件和工况下的特征值包括10个负实特征值和4对实部小于0的共轭复特征值,分别对应10个指数衰减响应模式和4个振荡衰减响应模式(包括2个707.0 Hz和107.0 Hz振荡响应频率的高频模式、1个1.21 Hz的低频模式和一个0.024 4 Hz的极低频模式)。与重载工况相比,二者具有相近的特征值类型和响应模式。绝大部分特征值位于复平面左半平面远离虚轴的位置,14 号、15 号共轭复特征值为该系统的主导特征值,该主导特征值对应一个弱阻尼(阻尼比为 0.053)、极低频率(0.024 4 Hz)、长时间衰减(衰减时间常数为 123.0 s)的响应模式。

与重载工况下的联网参数主导特征值($-0.006\ 03 \pm 0.129$i)对比可见,两种工况下相同控制参数的主导特征值对应的响应模式相同,但中等负载工况下的特征值距虚轴更远,并具有更高的阻尼特性和更短的衰减时间。这显示随着负载水平的降低,同样控制参数条件下,系统的相对稳定性有所提高,分析结果与电力系统在紧急情况或系统稳定条件恶化时,可通过降低功率水平来应对的措施具有一致性。

由表 4-8 和表 4-3 对比可见,相同控制参数下,随着负载水平的降低,系统的高频、低频和极低频响应模式组合未变;频率有略微变化,高频有所减小,低频和极低频有所增加;衰减时间有一定变化,主导模式的衰减时间减小。

4.3.1.2　参与矩阵分析

联网参数中等负载工况下主导特征值 $\lambda_{14,15}$ 的参与矩阵如表 4-9 所示,表中只显示了参与矩阵的非零元素幅值(四舍五入保留到千分位)。

表 4-9　中等负载工况下的参与矩阵分析表

$\lambda_{14} = -0.008\ 12 + 0.153$i	$\lambda_{15} = -0.008\ 12 - 0.153$i	状态变量
0.010	0.010	h_Δ
0.507	0.507	$y_{c\Delta}$
0.011	0.011	$x_{2\Delta}$
0.226	0.226	y_Δ
0.002	0.002	$\psi_{d\Delta}$
0.001	0.001	$\psi_{kd\Delta}$
0.440	0.440	ω_Δ

由表 4-9 可见,调速器控制开度 $y_{c\Delta}$、转速 ω_Δ 和导叶开度 y_Δ 是影响由主导特征值 $\lambda_{14,15}$ 表示的振荡模式的主要因素,这表明该主导特征值表示的振荡模式可能与水轮机调速系统响应有关,分析结果与重载工况下的结果一致。

4.3.1.3　参数灵敏度分析

主导特征值 $\lambda_{14,15}$ 对应的参数灵敏度矩阵如表 4-10 所示。为便于观察,

表4-10中只显示经四舍五入保留到十分位的灵敏度矩阵元素的幅值,全0行不显示。

表 4-10　中等负载工况下的参数灵敏度矩阵幅值

状态矩阵																		状态量
1	2	3	4	5	6	7	8	9	10	11	12	13	14	15	16	17	18	
0	0	0	0	0	0	0	0	0	0	0	0	0.1	0	0	0	0	0	h_Δ
0.1	0.5	0.1	0.5	0	0	0.5	0.5	0.6	0.5	0	0.1	0.9	0.1	0	0	0	0	$y_{c\Delta}$
0	0.1	0	0.1	0	0	0.1	0.1	0.1	0.1	0	0	0.1	0	0	0	0	0	$x_{2\Delta}$
0.1	0.2	0	0.2	0	0	0.2	0.2	0.3	0.2	0	0	0.1	0.4	0.1	0	0	0	y_Δ
0.1	0.5	0.1	0.5	0	0	0.4	0.4	0.6	0.4	0	0.1	0.9	0.1	0	0	0	0	ω_Δ

由表4-10可见,主导特征值的主要灵敏参数为水头 h_Δ 方程、调速器控制开度 $y_{c\Delta}$ 方程、导叶开度 y_Δ 方程和转速 ω_Δ 方程的系数,这表明该主导响应模式受原动机调速系统和水力系统参数的影响显著。主导特征值对水轮机调速系统状态方程系数敏感,表明可以通过调速系统参数设置来调整主导特征值,从而调整系统的稳定性,分析结果与重载工况结果具有一致性。

4.3.1.4　时域仿真

在 $t=5$ s 时,通过直流电流给定对孤岛系统施加 -5% 机组额定功率阶跃扰动($-0.038\ 5$ pu 直流电流),系统频率时间响应如图4-9所示。

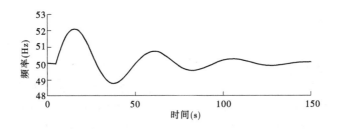

图 4-9　联网参数孤岛方式中等负载工况下的频率时间响应

由图4-9可见,在 $t=5$ s 时施加 -5% 机组额定功率阶跃扰动后,系统频率响应为一个慢速衰减振荡过程,系统频率调节时间超过 110 s,这与上文采用小干扰特征值法分析结果一致。

4.3.2　一般参数频率稳定性分析

4.3.2.1　调速器 PID 参数稳定域求解

采用数值求解方法,可得 HVDC 水电孤岛系统在中等负载工况下调速器 PID 参数 K_p、K_i 和 K_d 的稳定域,如图 4-10 所示。

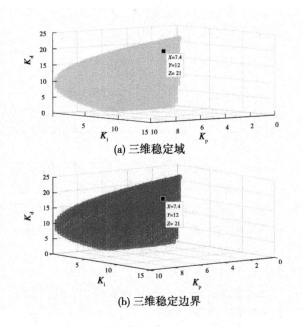

(a) 三维稳定域

(b) 三维稳定边界

图 4-10　中等负载工况下的 PID 参数稳定域

4.3.2.2　调速器 PID 参数的稳定域分析

由图 4-10 可见,中等负载工况下,三个控制参数 K_p、K_i 和 K_d 的稳定域为一个不规则锥形实体。与图 4-2 比较可见,中等负载工况下的稳定域与重载工况下的稳定域外形相似,但坐标范围有了较大幅的扩大(K_p 最大范围从 8 增加到 10,K_i 最大范围从 6 增到 15,K_d 最大范围从 20 增加到 30),显示参数的稳定域随负载降低出现了大幅扩展,这与上文联网参数孤岛运行分析发现的负载水平降低,孤岛系统频率稳定性提高结果一致。

经比较分析,采用 K_d = 0、6、12、18 和 20 参数平面截取图 4-10 所示的三维实体稳定域,可得如图 4-11 所示的稳定参数截面,以下在这些平面上进行参数变化时的系统稳定域变化分析。

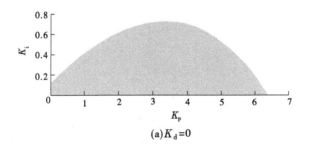

(a)$K_d=0$

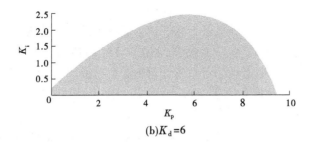

(b)$K_d=6$

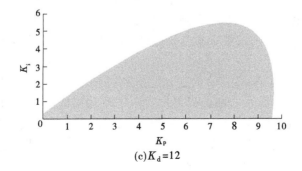

(c)$K_d=12$

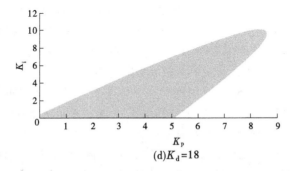

(d)$K_d=18$

图 4-11 中等负载工况下的稳定参数截面

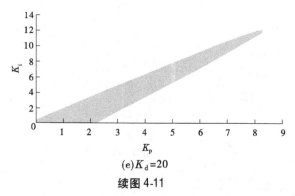

(e)$K_d = 20$

续图 4-11

由图 4-11(a)可见,中等负载工况下,$K_d = 0$ 时的稳定参数截面呈抛物线形,此时调速器 PID 控制器变为 PI 控制器,故图 4-11(a)给出了 PI 控制器控制下,中等负载工况的完整稳定域。可以看出,随着 K_p 从 0 开始逐渐增大,K_i 的稳定边界先逐渐升高,达到最大值后,再逐渐下降,表明系统稳定参数范围,先随 K_p 增大而增大,然后随 K_p 继续增大而减小。

由图 4-11(b)可见,$K_d = 6$ 时的稳定参数截面外形与 $K_d = 0$ 时相近,但参数范围大幅增大(K_p 最大值从 6.35 增至 9.45,K_i 最大值从 0.72 增至 2.45),表明系统稳定参数范围随 K_d 从 0 增大到 6,出现了大幅增大,这也显示,调速器微分项的引入将增大中等负载孤岛方式下的调速器参数稳定范围,与重载工况下的结果具有一致性。

由图 4-11(c)可见,$K_d = 12$ 时的稳定参数截面外形与 $K_d = 6$ 时相比出现了较大改变,稳定参数截面右侧边界出现了一个 K_p 值对应两个 K_i 边界值的情况;在 K_p 较小的区域,要求 K_i 较小,系统才能稳定;同时参数稳定截面面积随 K_i 范围大幅增大(K_i 最大值从 2.45 增至 5.46)而仍有大幅增大,表明随着 K_d 从 6 增大到 12,系统稳定参数范围继续大幅增大。

由图 4-11(d)可见,$K_d = 18$ 时的稳定参数截面外形在 $K_d = 12$ 时的基础上出现了更加向右挤压的特点,这主要受 K_p 在横轴上的稳定边界大幅收缩和 K_i 的最大值继续较大幅增大两方面因素影响,此时的参数稳定截面开始收缩,在 K_p 较大且 K_i 较小的区域出现了较大的不稳定参数范围。

由图 4-11(e)可见,$K_d = 20$ 时的稳定参数截面出现了较大幅收缩,但 K_i 的最大值仍在较大幅增大,显示 K_d 较大时需要 K_i 也较大才能确保系统稳定;另外,在 K_p 较大和 K_i 较小的区域出现了大面积不稳定参数区域。

由稳定参数截面分析可知,中等负载工况下,随着 K_d 从 0 逐渐增加,系统参数稳定范围呈现先慢后快增大—先慢后快减小直到封闭的特点,并注意到,在 K_d 较小时,为确保系统稳定,K_p—K_i 的稳定截面为向上凸起的抛物线形,而在 K_d

较大时,稳定截面为向上凸起的抛物面扣除 K_p 较大且 K_i 较小的区域。

由图4-11和图4-4对比可见,随着负载从重载降至中等负载,具有相同 K_d 参数的中等负载工况稳定截面面积比重载工况有大幅增加(如 $K_d = 0$ 截面, K_p 最大值从 5.46 增至 6.35, K_i 最大值从 0.54 增至 0.72; $K_d = 6$ 截面, K_p 最大值从 7.2 增至 9.45, K_i 最大值从 1.43 增至 2.45),且 K_d 的稳定范围也有明显增大(最大值从 18.2 增至 21)。这表明,随着负载从重载降低至中等负载,系统的稳定域出现了较大幅的增大,可供选择的稳定参数增多。

4.3.3　根轨迹分析

经比较分析,本书针对中等负载工况,以控制参数 $K_p = 3.6$、$K_i = 0.5$ 和 $K_d = 4$ 为根轨迹分析的参数起点,分别对 K_p、K_i 和 K_d 进行根轨迹分析。

4.3.3.1　关于 K_p 的根轨迹分析

以 K_p 为控制参数,可得系统主导特征根在复平面上随 K_p 变化的根轨迹,如图4-12所示。

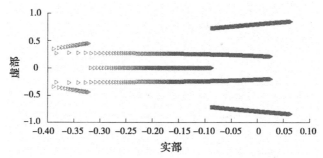

图4-12　中等负载工况下关于 K_p 的根轨迹

由图4-12可知,随着 K_p 从0逐渐增加,系统主导特征根呈现多种性态:首先,当 K_p 在 0 ~ 3.25 范围内时,系统主导根为一对共轭复根,对应一个振荡响应模式,随着 K_p 的增大,该对共轭复根从复平面右侧逐渐移动到左侧,显示系统相对稳定性随 K_p 增大而提高;其次,当 K_p 在 3.26 ~ 3.43 范围内时,系统主导根仍为共轭复根,但随着 K_p 增大,主导根向复平面右侧移动,显示系统相对稳定性随 K_p 增大而降低;当 K_p 在 3.44 ~ 6.24 范围内时,系统主导根变为负实根,对应指数衰减响应模式,且随 K_p 增大,主导根向复平面右侧移动,显示系统相对稳定性随 K_p 增大而降低;当 K_p 在 6.25 ~ 8.23 范围内时,系统主导根再次变为共轭复根,且随着 K_p 增大而向复平面右侧移动,系统稳定性降低;随着 K_p 从 8.24 继续增大,系统进入不稳定参数区域。

从与共轭主导根对应的阻尼特性来看,当 K_p 在 0 ~ 3.25 范围内时,阻尼比

从 −0.06 逐渐增大到正阻尼,并持续增加到 0.6 左右,在推荐阻尼比范围 $0.4 <$ $\xi < 0.8$ 内的阻尼比区间为 $0.4 < \xi < 0.6$,此时,$3.02 < K_p < 3.25$(K_p 增大 ξ 增大);当 K_p 在 $3.26 \sim 3.43$ 范围内时,阻尼比从 0.55 逐渐减小到 0.44;当 K_p 在 $6.25 \sim 8.23$ 范围内时,阻尼比从 0.10 逐步减小;当 K_p 进一步增大时,则阻尼比变为负值,系统进入不稳定参数范围。由上述分析可知,可获得满意动态特性的参数范围为 2 段,即 $0.4 < \xi < 0.6$,$3.02 < K_p < 3.25$(K_p 增大 ξ 增大)和 $0.44 < \xi < 0.55$,$3.26 < K_p < 3.43$(K_p 增大 ξ 减小),这两段参数范围对应使共轭主导根位于其轨迹最左侧附近区域时的参数范围。

由 K_p 在中等负载工况下的根轨迹分析可知,随参数 K_p 从 0 开始增加,系统相对稳定性先逐渐提高,然后逐渐降低,最终进入不稳定参数范围。系统共轭主导根阻尼先随 K_p 的增大而逐渐增大,然后随 K_p 的增大而逐渐减小,最终进入负阻尼不稳定参数范围。由主导根的阻尼特性分析可知,系统具有较好动态性能的 K_p 范围为最左侧共轭复根附近对应的参数范围。

4.3.3.2　关于 K_i 的根轨迹分析

基于 K_p 的根轨迹分析,考虑相对稳定性和动态品质,取 K_p 为 3.135,K_d 仍为 4,以 K_i 为可变参数,可得其主导特征根轨迹,如图 4-13 所示。

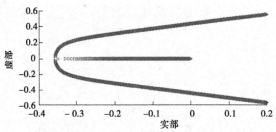

图 4-13　中等负载工况下关于 K_i 的根轨迹

由图 4-13 可见,在 $K_p = 3.135$、$K_d = 4$ 的参数条件下,随着 K_i 从 0 逐渐增加,系统主导特征根呈现两种性态:首先,当 K_i 在 $0 \sim 0.405$ 范围内时,主导根为一个实数,对应指数响应模式,随 K_i 增大,该特征根从复平面右侧向左移动,系统相对稳定性随之提高;其次,在 K_i 从 0.406 继续增长过程中,主导特征根变为一对共轭复根,对应振荡响应模式,且随 K_i 增大这对共轭主导根从复平面左侧逐渐向右半平面移动,并在 $K_i = 1.466$ 附近进入右半平面不稳定参数范围,即系统相对稳定性随 K_i 增大而降低。

从共轭主导特征根阻尼特性看,当 K_i 在 $0.406 \sim 1.466$ 范围内时,阻尼比从 0.91 左右开始随 K_i 增加而逐渐减小到 0,其中推荐阻尼比范围 $0.4 < \xi < 0.8$ 对应的参数范围为 $0.411 < K_i < 0.539$(K_i 增大阻尼比减小);随着 K_i 继续增加,阻

尼比降低到负值,系统进入不稳定参数范围。由图 4-6 和图 4-13 对比可见,关于 K_i 的根轨迹特性在重载和中等负载两种工况下的主导根类型和变化趋势相近,但稳定性改变参数阈值不同。

由 K_i 在中等负载工况下的根轨迹可知,随参数 K_i 从 0 开始增大,系统相对稳定性先逐渐提高,然后逐渐降低,并最终进入不稳定参数范围。系统共轭主导根的阻尼随 K_i 的增大而逐渐减小,当 K_i 在使共轭主导根位于其轨迹最左侧附近区域时的参数范围内时,系统动态特性较好。

4.3.3.3　关于 K_d 的根轨迹分析

根据 K_p 和 K_i 的根轨迹分析结果,取 $K_p = 3.135$,$K_i = 0.475$,可得关于 K_d 的系统根轨迹,如图 4-14 所示。

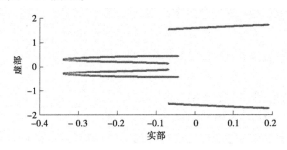

图 4-14　中等负载工况下关于 K_d 的根轨迹

由图 4-14 可见,在 $K_p = 3.135$ 且 $K_i = 0.475$ 的条件下,随着 K_d 从 0 逐渐增加,系统主导特征根呈现多种性态:当 K_d 在 0～3.84 范围内时,系统主导特征根为实部小于 0 的共轭复根,对应衰减振荡模式,随着 K_d 的增大,主导根向复平面左侧移动,表明系统相对稳定性随 K_d 的增大而提高;当 K_d 在 3.85～17.67 范围内时,系统主导根仍为实部为负的共轭复根,但随着 K_d 的增大,主导根向复平面右侧移动,表明系统相对稳定性随 K_d 的增大而降低;当 K_d 从 17.68 继续增大时,系统特征根从复平面左侧进入右侧不稳定参数范围。

从共轭主导根阻尼比角度看,系统共轭主导根特性出现了 3 次变化,随着 K_d 从 0 增大到 3.84,阻尼比 ξ 逐渐从 0.07 增大到 0.53,阻尼特性增加;随着 K_d 从 3.85 增大到 17.67,阻尼比 ξ 逐渐从 0.54 减小到 0.19;在推荐阻尼比范围 $0.4 < \xi < 0.8$ 内的阻尼比区间为 $0.4 < \xi < 0.53$,此时 $3.52 < K_d < 3.84$(K_d 增大 ξ 增大)或 $3.85 < K_d < 4.74$(K_d 增大 ξ 减小),该区间对应使共轭主导根位于所能达到的最左侧附近区域时的参数范围;随着 K_d 从 17.68 继续增大,阻尼比 ξ 从 0.06 开始逐步减小,并最终进入不稳定参数范围。对比图 4-7 和图 4-14 可见,中等负载工况下的 K_d 根轨迹对应的相对稳定性和阻尼特性与重载时相似。

由 K_d 在中等负载工况下的根轨迹分析可知,随参数 K_d 从 0 开始增大,系统相对稳定性先逐渐提高,然后逐渐降低,并最终进入不稳定参数范围;系统共轭主导根阻尼特性也先增大,后减小,最后进入负阻尼不稳定参数范围;系统具有较好动态特性的参数范围为使共轭主导根位于所能达到的最左侧附近区域时的参数范围。

由上述中等负载工况下,HVDC 水电孤岛系统在调速器参数 $K_p = 3.6$、$K_i = 0.5$、$K_d = 4$ 附近的根轨迹分析可知,随可变参数从 0 逐渐增大,系统的相对稳定性先逐渐提高(主导根先逐渐向复平面左半平面移动),在达到某一阈值后,再随可变参数继续增大而逐渐降低(主导根逐渐向右半平面移动),并最终进入不稳定参数范围,系统主导根随参数不同可能为实根或共轭复根。共轭主导根阻尼比特性分析显示,系统动态特性满足或最接近推荐阻尼比范围的参数范围出现在系统主导根接近左侧极限的区域,对应相对稳定性快达到最高或从最高返回一定距离的参数范围内。与重载工况下的根轨迹分析结果比较可知,在中等负载工况下,系统相对稳定性和阻尼特性与重载工况下一致,但具体特性转变时的参数值、特征根类型和阻尼比数值不同。

4.3.3.4　根轨迹参数时域仿真

根据上述根轨迹分析结果,选择参数 $K_p = 3.135$、$K_i = 0.475$ 和 $K_d = 4.295$,通过直流电流给定信号对孤岛系统施加 2% 机组额定出力的阶跃扰动,进行试验,并与联网参数进行对比,可得如图 4-15 所示结果。

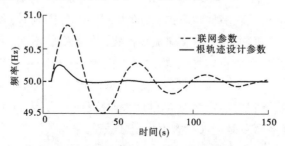

图 4-15　中等负载工况下频率时间响应

由图 4-15 的实线可见,采用由根轨迹法得到的参数时,中等负载工况下的孤岛系统频率响应具有较好的动态品质。对比图 4-15 中的实线与虚线可知,采用根轨迹法所得参数的系统频率响应超调量和调节时间均远小于联网参数下的结果。

对比图 4-8 和图 4-15 可见,随着初始负载水平的降低,联网参数和根轨迹参数调速器孤岛调频条件下的系统频率响应均出现了振荡幅值下降,调节时间缩短现象,显示负载水平下降,孤岛系统频率稳定性提高,这与稳定域分析和根轨迹分析的结果一致。

4.4 孤岛方式轻载工况下的系统频率稳定性

4.2 节和 4.3 节分别讨论了 HVDC 水电孤岛系统在机组重载和中等负载工况下的频率稳定特性，为全面研究该系统在一般工况下的频率稳定性，本节研究了 HVDC 水电孤岛系统在机组轻载工况下的小干扰频率稳定性。

通过大波动模型稳态值计算，可得到 30% 机组额定出力和额定水头工况下的参数初值，表 4-11 给出了部分主要参数初值。

表 4-11 轻载工况下的部分参数初值

参数	初值	参数	初值
e_{my}	1.558 2	e_{qy}	1.283 0
e_{mh}	0.608 3	e_{qh}	0.273 4
$e_{m\omega}$	-0.640 7	$e_{q\omega}$	-0.199 2

4.4.1 联网参数频率稳定性分析

4.4.1.1 特征值分析

将上述参数初值和联网调速器参数代入第 3 章所建立的线性化状态矩阵 A 中，可计算得该联网参数下的特征值，见表 4-12。

由表 4-12 可见，系统在联网调速器参数和轻载工况调速器独立控制孤岛频率条件下的所有特征值都位于复平面左半平面，这显示在该参数条件下，系统在平衡点附近是稳定的。

由表 4-12 中特征值的类型和响应模式可知，系统在该参数条件和工况下的特征值包括 10 个负实特征值和 4 对实部小于 0 的共轭复特征值，分别对应 10 个指数衰减响应模式和 4 个振荡衰减响应模式（包括 2 个 694.0 Hz 和 601.0 Hz 振荡响应频率的高频模式，1 个 1.36 Hz 的低频模式和一个 0.024 9 Hz 的极低频模式），这与中等负载工况具有相近的特征值类型和响应模式。绝大部分特征值位于复平面左半平面远离虚轴的位置，15 号、16 号共轭复特征值为系统的主导特征值，该主导特征值（ -0.011 8 ± 0.156i）对应一个弱阻尼（阻尼比为 0.075 2）、极低频率（0.024 9 Hz）、长时间衰减（衰减时间常数为 84.8 s）的响应模式。与中等负载工况下的联网参数主导特征值（ -0.008 12 ± 0.153i）对比可见，轻载工况与中等负载工况下相同控制参数的主导特征值对应的响应模式相同,都为衰减振荡响应,但轻载工况的特征值距虚轴更远(都为左半平面),并具有更高的阻尼特性和更短的衰减时间,这显示,随着负载水平降低,同样控制参数条件下,系统的相对稳定性有所提高,分析结果与负载水平从重载降至中等负载时一致。

表4-12 联网调速器参数条件下的轻载工况系统特征值

特征值λ_i	值	阻尼比	振荡频率(Hz)	衰减时间常数(s)
1	$-41.9 + 4\,366.0i$	0.009 6	694.0	0.023 9
2	$-41.9 - 4\,366.0i$	0.009 6	694.0	0.023 9
3	$-1\,866.0 + 3\,777.0i$	0.442	601.0	5.38×10^{-4}
4	$-1\,866.0 - 3\,777.0i$	0.442	601.0	5.38×10^{-4}
5	$-1\,211.0$	—	—	8.26×10^{-4}
6	-702.0	—	—	0.001 43
7	-113.0	—	—	0.008 81
8	-81.8	—	—	0.012 2
9	-46.9	—	—	0.021 3
10	$-6.06 + 8.55i$	0.579	1.36	0.165
11	$-6.06 - 8.55i$	0.579	1.36	0.165
12	-9.54	—	—	0.105
13	-7.14	—	—	0.14
14	-2.5	—	—	0.4
15	$-0.011\,8 + 0.156i$	0.075 2	0.024 9	84.8
16	$-0.011\,8 - 0.156i$	0.075 2	0.024 9	84.8
17	-0.586	—	—	1.71
18	-1.01	—	—	0.987

由表4-12和表4-8对比可见,相同控制参数下,随着负载水平降低,系统的高频、低频和极低频响应模式组合未变;另外,衰减时间有一定变化,主导模式的衰减时间显著减小。

4.4.1.2 参与矩阵分析

联网参数轻载工况下主导特征值 $\lambda_{15,16}$ 的参与矩阵如表4-13所示。表4-13中只显示了参与矩阵的非零元素幅值(四舍五入保留到千分位)。

表 4-13 轻载工况下的参与矩阵分析

$\lambda_{15} = -0.011\,8 + 0.156i$	$\lambda_{16} = -0.0118 - 0.156i$	状态变量
0.003	0.003	h_Δ
0.506	0.506	$y_{c\Delta}$
0.011	0.011	$x_{2\Delta}$
0.188	0.188	y_Δ
0.001	0.001	$\psi_{d\Delta}$
0.001	0.001	$\psi_{kd\Delta}$
0.454	0.454	ω_Δ

由表 4-13 可见,调速器控制开度 $y_{c\Delta}$、转速 ω_Δ 和导叶开度 y_Δ 对由主导特征值 $\lambda_{15,16}$ 表示的振荡模式具有显著影响,这表明该主导特征值表示的振荡模式可能与水轮机调速系统振荡响应过程相关,分析结果与中等负载工况和重载工况下的结果一致。另外,与中等负载工况相比,轻载工况下,水头对主导特征值的影响减小,而转速的影响增大。

4.4.1.3 参数灵敏度分析

主导特征值 $\lambda_{15,16}$ 对应的参数灵敏度矩阵如表 4-14 所示。为便于观察,表 4-14 中显示的结果为经四舍五入保留到十分位的灵敏度矩阵元素幅值,全 0 行不显示。

表 4-14 轻载工况下的参数灵敏度矩阵幅值表

状态矩阵																		状态量
1	2	3	4	5	6	7	8	9	10	11	12	13	14	15	16	17	18	
0.1	0.5	0.1	0.5	0	0	0.5	0.5	0.6	0.5	0	0.1	1	0.2	0	0	0	0	$y_{c\Delta}$
0	0.1	0	0.1	0	0	0.1	0.1	0.1	0.1	0	0	0.1	0	0	0	0	0	$x_{2\Delta}$
0.1	0.2	0	0.2	0	0	0.2	0.2	0.2	0.2	0	0	0.4	0.1	0	0	0	0	y_Δ
0.1	0.5	0.1	0.5	0	0	0.5	0.5	0.6	0.5	0	0.1	0.9	0.1	0	0	0	0	ω_Δ

由表 4-14 可见,主导特征值的主要灵敏参数为调速器控制开度 $y_{c\Delta}$ 方程、导叶开度 y_Δ 方程和转速 ω_Δ 方程的系数,表明该主导响应模式受原动机调速系统参数的影响显著。主导特征值对水轮机调速系统状态方程系数敏感,表明可以通过调速系统参数设置来调整主导特征值,从而调整系统稳定性。分析结果与重载工况和中等负载工况结果具有一致性。另外,与重载工况和中等负载工况相比,轻载工况下,主导特征值对水头 h_Δ 微分方程的系数敏感度下降。

4.4.1.4 时域仿真

在 $t = 5$ s 时,通过直流电流给定信号向孤岛系统施加 -5% 的机组额定功率阶跃扰动(-0.038 5 pu 直流电流),可得系统频率响应如图 4-16 所示。

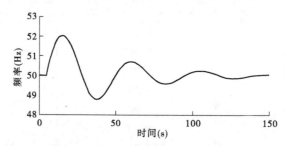

图 4-16　联网参数孤岛方式轻载工况下的频率时间响应

由图 4-16 可见,在 $t = 5$ s 时施加 -5% 机组额定功率阶跃扰动后,系统频率的时间响应为一个慢速衰减振荡过程,系统频率调节时间超过 100 s,这与上文采用小干扰特征值法分析结果一致。

4.4.2　一般参数频率稳定性分析

4.4.2.1　调速器 PID 参数稳定域求解

采用数值求解方法,可得 HVDC 水电孤岛系统在轻载工况下调速器 PID 参数 K_p、K_i 和 K_d 的稳定域,如图 4-17 所示。

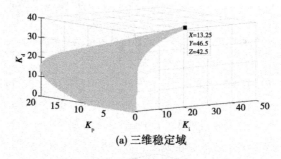

(a) 三维稳定域

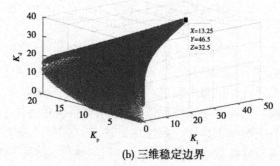

(b) 三维稳定边界

图 4-17　轻载工况下的 PID 参数稳定域

4.4.2.2　调速器 PID 参数的稳定域分析

由图 4-17 可见,轻载工况下,三个控制参数 K_p、K_i 和 K_d 的稳定域为一个不规则类似锥形的实体,与中等负载工况下的稳定域图比较可见,两种工况下的稳定域外形类似,但轻载工况下,坐标范围有了较大幅的扩大(K_p 最大范围从 10 增大到 20,K_i 最大范围从 15 增大到 47,K_d 最大范围从 30 增大到 35),显示参数的稳定域随负载降低出现了大幅扩展,这与上文多处分析发现的负载水平降低,孤岛系统频率稳定性提高结果一致。

经比较分析,采用 $K_d = 0$、12、20、26 和 30 参数平面截取图 4-17 所示的三维实体稳定域,可得相应的稳定参数截面,如图 4-18 所示,以下在这些平面上进行参数变化时的系统稳定域变化分析。

由图 4-18(a)可见,轻载工况下,$K_d = 0$ 时的稳定参数截面呈抛物线形,此时调速器 PID 控制器成为 PI 控制器,故图 4-18(a)给出了孤岛系统在 PI 控制器控制轻载工况下的完整稳定域。可以看出,随着 K_p 从 0 开始逐渐增大,K_i 的稳定边界先逐渐升高,达到最大值后,逐渐下降,表明系统稳定参数范围,先随 K_p 增大而增大,然后随 K_p 增大而减小。与重载工况和中等负载工况相比,三者具有相近的外形,但轻载工况下,参数范围显著增大,K_p 最大值从 5.46(重载工况)增至 6.35(中等负载工况)再增至 10.65,K_i 最大值从 0.54(重载工况)增至 0.72(中等负载工况)再增至 1.35,可见,随着负荷水平的降低,系统的可选稳定参数范围出现了大幅增加。

由图 4-18(b)可见,$K_d = 12$ 时的稳定参数截面外形与 $K_d = 0$ 时相近,但参数范围大幅增大(K_p 最大值从 10.65 增至 19.94,K_i 最大值从 1.35 增至 10.2),表明系统稳定参数范围随 K_d 从 0 增大到 12,出现了大幅增加,这也显示,调速器微分项的引入将增大轻载孤岛方式下的调速器参数稳定范围。另外,对比重载工况、中等负载工况和轻载工况的相近参数稳定截面可知,随着负荷水平的降低,系统的可选稳定参数范围出现了大幅增加。

由图 4-18(c)可见,$K_d = 20$ 时的稳定参数截面外形与 $K_d = 12$ 时相比出现较大改变,在 K_p 较小的区域,要求 K_i 较小,系统才能稳定;同时参数稳定截面面积随 K_i 大幅增大(K_i 最大值从 10.2 增至 21.21)而大幅增加,表明随着 K_d 从 12 增大到 20,系统参数稳定范围继续大幅增加。

由图 4-18(d)可见,$K_d = 26$ 时的稳定参数截面外形在 $K_d = 20$ 时的基础上出现了更加向右挤压的特点,这主要受 K_p 在横轴上的稳定边界较大幅收缩与 K_i 的最大值继续较大幅增大两方面因素影响,此时的参数稳定截面开始收缩,在 K_p 较大且 K_i 较小的区域出现了较大不稳定参数范围。

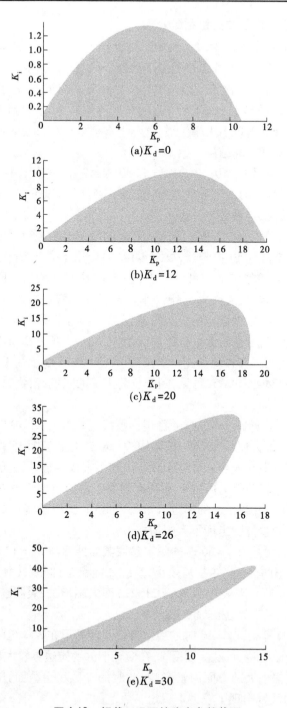

(a)$K_d=0$

(b)$K_d=12$

(c)$K_d=20$

(d)$K_d=26$

(e)$K_d=30$

图 4-18　轻载工况下的稳定参数截面

由图 4-18(e)可见,$K_d = 30$ 时的稳定参数截面出现了较大幅收缩,但 K_i 的最大值仍在较大幅增大,显示 K_d 较大时,需要 K_i 也较大才能确保系统稳定;另外,在 K_p 较大且 K_i 较小的区域出现了大面积不稳定参数区域。

由稳定参数截面分析可知,轻载工况下,随着 K_d 从 0 逐渐增大,系统参数稳定范围先慢速增大,继而快速增大,然后开始减小,最终快速减小到封闭,并注意到,在 K_d 较小时,为确保系统稳定,K_p—K_i 的稳定截面为向上凸起的抛物线形,而在 K_d 较大时,稳定截面为向上凸起的抛物面扣除 K_p 较大且 K_i 较小的区域。

由图 4-18 和图 4-11 对比可见,随着负载从中等负载降至轻载,具有相同 K_d 参数的轻载工况稳定截面面积比中等负载工况时有大幅增大,且 K_d 的稳定范围也有明显增大。这表明,随着负载从中等负载降低至轻载,系统的稳定域出现了较大幅的增大,可供选择的稳定参数范围增加。

对比重载工况、中等负载工况、轻载工况下的参数稳定域分析可知,系统在不同负载水平下,具有一致的稳定域–参数变化趋势,且稳定域的范围随负载水平下降而增加。

4.4.3　根轨迹分析

经比较分析,以控制参数 $K_p = 3.5$、$K_i = 0.6$、$K_d = 3.9$ 为根轨迹分析的参数起点,分别对 K_p、K_i 和 K_d 进行根轨迹分析。

4.4.3.1　关于 K_p 的根轨迹分析

以 K_p 为控制参数,可得系统主导特征根在复平面上随 K_p 变化的根轨迹,如图 4-19 所示。

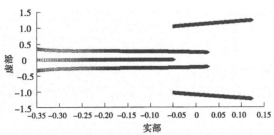

图 4-19　轻载工况下关于 K_p 的根轨迹

由图 4-19 可见,随着 K_p 从 0 逐渐增大,系统主导特征根呈现三种不同性态:当 K_p 在 0 ~ 3.77 范围内时,系统主导根为一对共轭复根,对应振荡响应模式,随着 K_p 的增大,该对共轭复根从复平面右半平面逐渐移动到左半平面,显示系统相对稳定性随 K_p 增大而提高;当 K_p 在 3.78 ~ 12.58 范围内时,系统主导根为一个负实根,对应指数衰减响应模式,且该负实根随 K_p 增大而逐渐向右移动,显示

系统相对稳定性随 K_p 增大而降低;当 K_p 在 12.59 ~ 14.43 范围内时,系统主导根再次变为共轭复根,但随着 K_p 的增大,主导根向复平面右侧移动,显示系统相对稳定性随 K_p 增大而减小;随着 K_p 从 14.44 继续增大,系统进入不稳定参数区域。

从共轭主导根对应的系统阻尼特性来看,K_p 在 0 ~ 3.77 范围内时,阻尼比从 -0.05 逐渐增加到正值,并持续增加到 0.51 左右,与推荐阻尼范围 $0.4 < \xi < 0.8$ 对应的参数区间为 $0.4 < \xi < 0.51$,$3.34 < K_p < 3.77$(K_p 增大 ξ 增大);K_p 从 12.59 进一步增大,则阻尼比从 0.05 不断减小到 0,并进一步减小到负值,进入不稳定参数范围。

由 K_p 在轻载工况下的根轨迹可知,随着参数 K_p 从 0 开始增大,系统相对稳定性先逐渐提高,然后逐渐降低,最终进入不稳定参数范围。系统共轭主导根的阻尼,先随 K_p 的增大而逐渐增大,然后随 K_p 的增大而逐渐减小,最终进入负阻尼不稳定参数范围,可获得满意动态特性的参数范围为使共轭主导根位于其轨迹最左侧附近区域时的参数范围。

4.4.3.2　关于 K_i 的根轨迹分析

基于以上 K_p 的根轨迹分析,并考虑相对稳定性和动态品质,取 K_p 为 3.56,K_d 仍为 3.9,以 K_i 为可变参数,可得系统主导特征根轨迹,如图 4-20 所示。

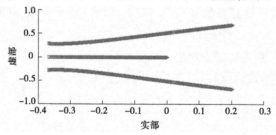

图 4-20　轻载工况下关于 K_i 的根轨迹

由图 4-20 可见,在 $K_p = 3.56$ 且 $K_d = 3.9$ 的参数条件下,随着 K_i 从 0 逐渐增大,系统主导特征根呈现两种性态:当 K_i 在 0 ~ 0.531 范围内时,主导根为一个负实数,对应指数衰减响应模式,且随 K_i 增大该特征根向复平面左侧移动,系统相对稳定性随之提高;在 K_i 从 0.532 继续增大的过程中,主导特征根变为一对共轭复根,对应振荡响应模式,且随着 K_i 的增大,这对共轭主导根从复平面左侧逐渐向右半平面移动,并在 $K_i = 2.202$ 附近进入右半平面不稳定参数范围,系统相对稳定性随 K_i 增大而降低。

从共轭主导根阻尼特性看,K_i 在 0.532 ~ 2.202 范围内时,阻尼比从 0.57 左右开始随 K_i 增大而逐渐减小到 0,其中,在推荐阻尼比范围 $0.4 < \xi < 0.8$ 内的实际阻尼比范围为 $0.4 < \xi < 0.57$,此时,$0.532 < K_i < 0.677$(K_i 增大阻尼比减小);

随着 K_i 继续增大,阻尼比降低到负值,系统进入不稳定参数范围。

由 K_i 在轻载工况下的根轨迹分析可知,随着参数 K_i 从 0 开始增大,系统相对稳定性先逐渐提高,然后逐渐降低,最终进入不稳定参数范围。系统共轭主导根的阻尼在系统出现振荡响应模式后,随 K_i 的增大而逐渐减小,系统具有较好动态特性的参数范围为使共轭主导根位于其轨迹最左侧附近区域时的参数范围。

4.4.3.3 关于 K_d 的根轨迹分析

根据 K_p 和 K_i 的根轨迹分析结果,取 $K_p = 3.56$,$K_i = 0.5995$,可得关于 K_d 的系统根轨迹,如图 4-21 所示。

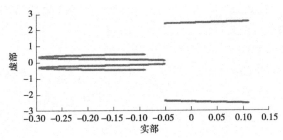

图 4-21　轻载工况下关于 K_d 的根轨迹

由图 4-21 可见,在 $K_p = 3.56$ 且 $K_i = 0.5995$ 的条件下,随着 K_d 从 0 逐渐增大,系统主导特征根呈现多种性态:当 K_d 在 0 ~ 3.71 范围内时,系统主导特征根为实部小于 0 的共轭复根,对应衰减振荡模式,随 K_d 的增大,主导根向复平面左侧移动,表明系统相对稳定性随 K_d 增大而提高;当 K_d 在 3.72 ~ 29.72 范围内时,系统主导根仍为实部为负的共轭复根,但随着 K_d 的增大,主导根向复平面右侧移动,表明系统相对稳定性随 K_d 增大而降低;当 K_d 从 29.73 继续增大时,系统从复平面左侧进入右侧不稳定参数范围。

从共轭主导根阻尼比角度看,系统共轭主导根特性出现了 3 次变化,随着 K_d 从 0 增大到 3.71,阻尼比 ξ 逐渐从 0.13 增大到 0.46,阻尼特性增加;随着 K_d 从 3.72 增大到 29.72,阻尼比 ξ 逐渐从 0.46 减小到 0.15;与推荐阻尼比范围 $0.4 < \xi < 0.8$ 对应的实际参数范围包括两段,即 $0.4 < \xi < 0.46$,$3.14 < K_d < 3.71$(K_d 增大 ξ 增大)与 $0.4 < \xi < 0.46$,$3.72 < K_d < 5.49$(K_d 增大 ξ 减小);随着 K_d 从 29.73 继续增大,阻尼比 ξ 从 0.03 开始逐步减小,并最终进入不稳定参数范围。

由 K_d 在轻载工况下的根轨迹可知,随参数 K_d 从 0 增大,系统相对稳定性先逐渐提高,然后逐渐降低,最终进入不稳定参数范围。系统共轭主导根的阻尼特性随 K_d 从 0 开始增大,先增大,后减小,最后进入负阻尼不稳定参数范围。系统具有较好动态特性的参数范围为使共轭主导根位于其轨迹最左侧附近区域时的参数范围。

　　由上述轻载工况下 HVDC 水电孤岛系统在调速器参数 $K_p = 3.5$、$K_i = 0.6$、$K_d = 3.9$ 附近的根轨迹分析可知,随可变参数从 0 开始逐渐增大,系统的相对稳定性先逐渐提高(主导根逐渐向复平面左半平面移动),然后在可变参数达到某一阈值后,相对稳定性随可变参数继续增大而逐渐降低(主导根逐渐向右半平面移动),并最终进入不稳定参数范围,系统主导根根据参数不同可能为实根或共轭复根。共轭主导根阻尼比特性分析显示,系统动态特性满足或最接近推荐阻尼比范围的参数范围出现在系统主导根接近左侧极限的区域,对应相对稳定性将要达到最高或从最高返回一定距离的参数范围内。与重载工况和中等负载工况下的根轨迹分析结果对比可知,在轻载工况下,系统相对稳定性和共轭主导根阻尼特性与重载工况和中等负载工况下一致。

4.4.3.4　根轨迹参数时域仿真

　　根据以上根轨迹分析结果,令参数 $K_p = 3.56$、$K_i = 0.599\,5$、$K_d = 4.605$,通过直流电流给定信号对孤岛系统施加 2% 机组额定出力的阶跃扰动,进行试验,并与联网参数进行对比,结果如图 4-22 所示。

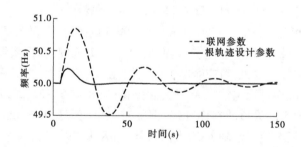

图 4-22　轻载工况下频率时间响应

　　由图 4-22 的实线可见,采用由根轨迹法得到的参数时,轻载工况下的孤岛系统频率响应具有较好的动态品质,频率在经历一个波峰后迅速达到稳态。对比图 4-22 中的实线与虚线可知,采用根轨迹法所得参数的系统频率响应超调量和调节时间均远小于联网参数时的结果。

　　对比图 4-8、图 4-15 和图 4-22 可见,随着初始负载水平的降低,联网参数和根轨迹参数调速器孤岛调频条件下的系统扰动频率响应均出现了振荡幅值下降、调节时间缩短现象,显示负载水平下降,孤岛系统频率稳定性提高,这与稳定域分析和根轨迹分析的结果一致。

4.5 小 结

针对当前 HVDC 水电孤岛系统调速器参数设置缺乏理论依据以及孤岛方式下调速器独立控制送端频率时的系统频率稳定特性缺乏研究的现状,本章对 HVDC 水电孤岛系统在调速器独立调节孤岛频率条件下的频率稳定性进行了系统而深入的研究,主要结论如下:

(1)不同负载水平下的小干扰稳定域分析表明,系统在不同负荷水平下均具有较宽广的稳定域,通过选择稳定域内的参数进行调速器参数设置,可以确保调速器对孤岛系统频率控制的稳定性。

(2)不同功率水平下的稳定域分析表明,调速器 PID 参数与稳定域之间的关系存在规律,即随 K_d 从 0 逐渐增大,K_p—K_i 稳定截面出现慢速增大—快速增大—慢速减小—快速减小到封闭的特性。应当指出,实际应用微分项时,应考虑噪声对微分项输出的影响。

(3)不同功率水平下的稳定域对比分析表明,系统的稳定参数范围随功率水平下降而扩大,系统频率稳定性随功率水平下降而提升,降低运行功率水平可以作为紧急情况下提高系统频率稳定性的有效措施。

(4)多个典型工况下,系统稳定域随调速器参数变化的分析表明,孤岛方式下调速器微分项的加入能够增大稳定参数范围,提高系统频率稳定性。

(5)针对某 HVDC 水电孤岛系统工程调试中直接将联网调速器参数作为孤岛时调速器参数的小干扰分析表明,联网调速器参数不适合孤岛运行方式,直接将其应用于孤岛调速器参数设置,可能使系统具有较差的动态特性,有必要对孤岛状态下的调速器参数进行专门设计。

(6)多个典型工况下,对系统根轨迹的相对稳定性分析显示,系统相对稳定性与调速器控制参数取值间的关系存在规律,即系统相对稳定性随参数从 0 增大而先逐渐提高,在达到某一阈值后,随参数继续增大而降低。

(7)多个典型工况下,对系统共轭主导根的阻尼特性分析显示,系统共轭主导根阻尼特性与调速器参数间的关系存在规律,即系统共轭主导根的阻尼特性在主导根为共轭复数的参数范围内,随参数从 0 增大而先逐渐提高,在达到某一阈值后,随参数继续增大而降低,系统阻尼达到或最接近推荐阻尼比范围的参数范围出现在系统主导根接近左侧极限的区域,对应于相对稳定性将要达到最高或从最高返回一段距离的参数范围。

5　HVDC 水电孤岛系统功率调节特性与控制研究

5.1　引　言

前面章节深入研究了 HVDC 水电孤岛系统的频率稳定性,为孤岛系统的频率控制提供了理论基础。本章在第 4 章系统频率稳定性分析的基础上,进一步研究了 HVDC 水电孤岛系统的功率调节特性及控制。

HVDC 水电孤岛系统建立的主要目的是向受端系统提供稳定可靠的电能。为适应系统负荷水平、运行条件的不断变化,需要经常对 HVDC 水电孤岛系统的功率进行调节。然而,HVDC 水电孤岛系统的功率调节将改变孤岛系统原来的功率平衡状态,这必将引起孤岛系统的频率波动,不合适的功率调节方式,可能造成功率调节对孤岛系统频率的扰动过大,甚至危及机组和 HVDC 水电孤岛系统的安全稳定运行,故有必要对 HVDC 水电孤岛系统的功率调节方法进行深入研究。

已有的研究成果显示,在理想情况下,同时调整调速器功率给定和直流功率给定的功率调节方式可以最大限度地降低功率调节导致的孤岛系统频率波动,但是,实际采用这种方式时,调试和仿真研究中均出现了频率波动较大的情况。

针对以上问题,本章在第 3 章频率稳定分析模型的基础上,建立了功率调节模型及其仿真平台,采用大波动时域仿真方法对 HVDC 水电孤岛系统的功率调节特性进行了深入的研究,分析了功率调节过程中不同物理过程的功率输出特性,在此基础上,提出了一种考虑原动机机械功率特性、电磁功率特性和直流输送功率特性的改进功率调节方法,并进行了相应的仿真研究,为 HVDC 水电孤岛系统功率优化调节提供了理论与方法支撑。

5.2　HVDC 水电孤岛系统功率调节模型

为进行 HVDC 水电孤岛系统功率调节特性研究,需要建立该系统的功率调节模型。功率调节模型可在频率调节模型的基础上,通过添加功率给定输入和反馈环节得到。

　　HVDC 水电孤岛系统中的功率调节主要包括水轮机调速器中的功率调节和直流功率调节。为便于研究系统中的原动机功率调节和直流功率调节这两种基本功率调节特性,本章不考虑系统中的其他附加控制。

5.2.1　调速器中的功率调节

　　水轮机调速器一般设计有功率调节模式,可以进行功率调节。功率调节模式是水电机组并入大电网运行时的一种常用方式,因该方式直接对机组功率进行反馈和控制,故相对于开度调节方式而言,功率调节方式可以更加准确地使机组输出功率达到调度的给定值。

　　并入大电网且运行在功率调节模式的水电机组一般承担基荷,通过设置较大的人工频率死区,以使调速器对较小的频差没有输出响应。孤岛工况下由机组承担调频功能并考虑功率调节时,应将人工频率死区设置在较小范围内。

　　文献[8]指出微分控制有益于机组孤立运行工况时系统的稳定性,而不适用于机组并入大电网运行方式,这是因为高微分增益可能导致系统响应过度振荡甚至不稳定。文献[11]也指出典型的功率调节模式下应切除微分环节,同时指出在机组并入小型电网运行工况或机组虽并入大电网但承担调频任务时,应选用 PID 调节规律。鉴于本书研究的孤岛系统是一种典型的机组占主导地位,并需要机组自身承担孤岛系统调频任务的系统,因此孤岛方式下的调速器在进行机组功率调节时使用 PID 调节规律,通过在图 3-2 所示的调速器频率模型基础上添加功率给定和功率反馈环节,可得到如图 5-1 所示的孤岛调速器功率调节模型。

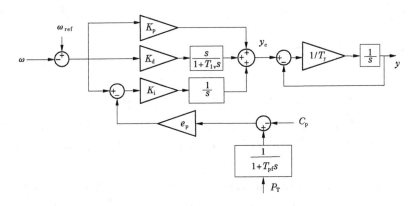

图 5-1　孤岛调速器功率调节模型

图 5-1 中，e_p 为调速器功率调差系数，C_p 为调速器功率给定，P_T 为发电机端功率反馈信号，T_{pf} 为功率变送器时间常数。

由图 5-1 可写出调节器方程

$$y_c = K_p e + [e + e_p(C_p - P_T)/(1 + T_{pf}s)]K_i/s + K_d es/(1 + T_{1v}s) \quad (5\text{-}1)$$

式中，偏差信号 $e = \omega_{ref} - \omega$。

5.2.2　直流功率控制器

直流功率控制器可采用在定电流控制器基础上添加功率给定和电压反馈的方法得到，对图 3-4 所示的整流端定电流控制器模型进行修改，可得如图 5-2 所示的直流功率控制器模型。

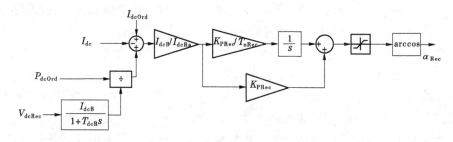

图 5-2　直流功率控制器模型

图 5-2 中，T_{dcR} 为直流电压测量时间常数，$T_{dcR} = 1/(6B_{dd}f_r)$；P_{dcOrd} 为直流功率给定；V_{dcRec} 为整流端直流电压。

由图 5-2 可知，对直流功率的控制本质为对直流电流的控制，直流功率控制器通过功率给定除以测量的电压信号来动态修改电流给定，从而实现对直流功率的调整。由图 5-2 可写出考虑功率给定和电压反馈的直流功率控制器方程

$$\alpha_{Rec} = \arccos\left[\left(\frac{P_{dcOrd}}{V_{dcRec}I_{dcBa}/(1 + T_{dcR}s)}\frac{3}{2} - I_{dcPu}\right)\frac{I_{dcBa}}{I_{dcRa}}\left(K_{PRec} + \frac{K_{PRec}}{T_{nRec}}\frac{1}{s}\right)\right]$$

$$(5\text{-}2)$$

采用上述两个新控制器模型分别替换原调速器的调节器模型和直流整流器定电流控制器模型，可得考虑功率模式的 HVDC 水电孤岛系统模型。将式(5-1)、式(5-2)分别替换式(3-54)中的对应方程，可得到考虑功率模式时的系统微分方程。

鉴于本书对功率调节特性的研究更多关注调节的动态特性，而动态特性主要体现在扰动动态响应过程中，适合时域研究，故主要采用基于大波动模型的时域仿真方法进行 HVDC 水电孤岛系统的功率调节特性研究。

5.3　HVDC 水电孤岛系统功率调节特性

5.3.1　基于遗传算法和 ITAE 指标的最优控制

为进行 HVDC 水电孤岛系统功率调节特性研究,需要合适的功率调节参数,鉴于最优控制参数选择方法已经得到了较多应用,本书的研究中采用最优控制参数作为功率调节特性的调速器控制参数,以目前广泛应用的启发式搜索算法——遗传算法作为优化算法,以 5% 机组额定出力阶跃扰动下,孤岛系统频率输出偏差的 ITAE 指标最大值作为优化目标,对图 5-1 所示的调速器参数进行优化,实现 HVDC 水电孤岛系统的最优控制。

ITAE 表达式可写为

$$ITAE = \int_0^{t_s} t \,|\, e(t) \,|\, dt \qquad\qquad (5\text{-}3)$$

式中,$e(t) = 1 - \omega(t)$;t_s 为调节时间。

在图 5-1 所示的模型中,设置 $e_p = 4\%$、$T_{pf} = 0.02$,则采用基于遗传算法和 ITAE 指标求得的重载工况(90% 机组额定出力)下的调速器最优参数如表 5-1 所示。

表 5-1　功率调节调速器最优参数

参数	值
K_p	7.525 4
K_i	4.024 5
K_d	5.177 1

对于图 5-2 所示的直流功率控制器模型,本书采用文献[142]给出的典型参数。

5.3.2　功率阶跃降低时的系统功率调节特性

以下采用时域仿真方法研究孤岛系统功率——频率响应在同时对直流功率给定信号和调速器功率给定信号施加向下阶跃扰动时的特性,以分析孤岛交流系统的功率调节特性。

重载工况初始稳态条件下,模拟对直流功率控制器和孤岛机组调速器同步下发降低功率调节的指令,通过在 $t = 5$ s 时,在直流控制器 P_{dcOrd} 和调速器 C_p 处同步施加 -0.05 pu 功率给定阶跃扰动,可得如图 5-3 ~ 图 5-7 所示的 HVDC 水电孤岛系统的功率——频率响应。

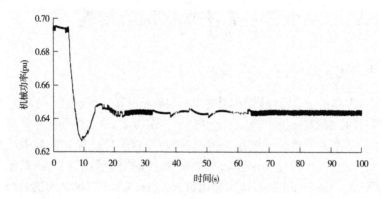

（a）机械功率

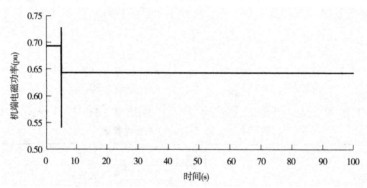

（b）电磁功率

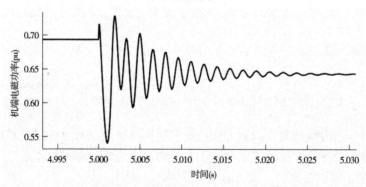

（c）电磁功率局部放大

图 5-3　机端功率响应

由图5-3(a)可见,机组机械功率P_m对P_{dcOrd}和C_p信号−0.05 pu阶跃扰动的响应为一个衰减振荡过程:在$t=5$ s左右,机械功率开始随导叶开度快速关小而迅速下降;$t=8.23$ s时,机械功率曲线下降开始变得缓慢,显示机械功率减小的速度降低;随后机械功率响应达到波谷;然后经过短暂波动,机械功率在扰动后13.9 s左右($t=18.9$ s)达到稳态。在响应速度方面,功率响应呈现先快速单调响应,然后慢速衰减振荡的特点。

由图5-3(b)可见,机端电磁功率对系统功率给定阶跃扰动的响应近似为阶跃响应。将扰动后初始时段的响应放大,可得图5-3(c)所示曲线,可见,机端电磁功率在扰动后0.025 s内($t=5.025$ s)以高频振荡衰减响应模式过渡到新稳态。可以看出,机端电磁功率暂态过程持续时间在数十毫秒级,远小于调速系统的不动时间,故直流功率阶跃扰动对机组调速系统而言,可近似看作理想阶跃扰动。

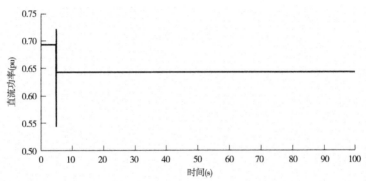

(a)完整响应

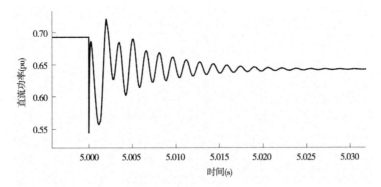

(b)扰动附近放大

图5-4 直流功率响应

　　图 5-4 给出了直流功率对 P_{dcOrd} 和 C_p 信号施加 -0.05 pu 阶跃扰动时的响应，可见，该响应十分迅速，在扰动后一个周波（20 ms）左右便经高频衰减振荡过渡到新稳态（给定值）。由图 5-3 和图 5-4 对比可见，直流功率响应和机端电磁功率响应的响应过程和时间范围均较接近。

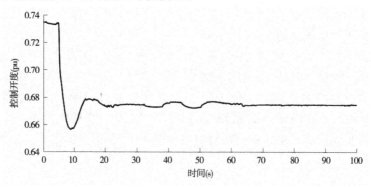

（a）调速器控制输出

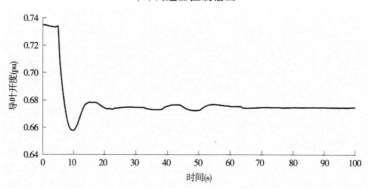

（b）接力器输出

图 5-5　调速器响应

　　图 5-5（a）和（b）给出了在对 P_{dcOrd} 和 C_p 信号施加 -0.05 pu 阶跃扰动时，HVDC 水电孤岛系统调速器控制输出 y_c 和接力器开度输出 y 的响应曲线，可见随着功率给定的降低，y_c 迅速下降，y 跟随 y_c 而下降，两个开度信号在经历一个波谷和波峰后达到稳态。对比图 5-3（a）和图 5-5（b）可见，开度响应与机械功率响应在轮廓上比较相似，在相位上 y 略超前于 P_m，这反映了水轮机机械功率调整的本质是通过调整导叶开度控制水轮机流量来控制机械功率输出的。

　　图 5-6 给出了在对 P_{dcOrd} 和 C_p 信号施加 -0.05 pu 阶跃扰动后，直流控制器的响应过程。由图 5-6（a）可见，在 $t=5$ s 时对系统施加扰动后，直流功率控制器几乎立刻开始响应，并在很短时间内达到略大一些的新稳态值。

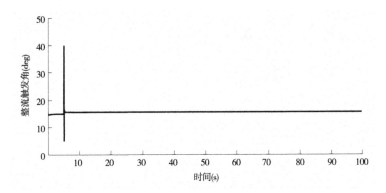

（a）整流触发角

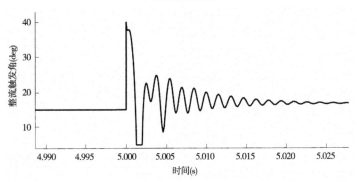

（b）整流触发角局部放大

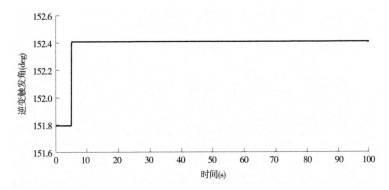

（c）逆变触发角

图 5-6 直流触发角响应

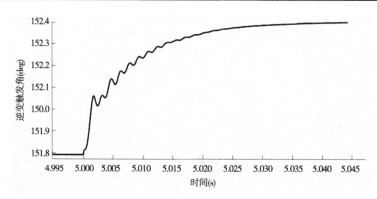

(d) 逆变触发角局部放大

续图 5-6

由扰动部分放大图 5-6(b) 可见,整流触发角 α_{Rec} 在扰动后很短时间内经历了高频衰减振荡暂态过程,整个暂态过程持续一个周波左右,这种快速控制也是直流系统具有快速可控性的控制基础。

由图 5-6(b)、(d) 对比可见,相比于整流触发角的快速振荡衰减响应,逆变触发角 α_{Inv} 控制响应更接近于过阻尼暂态过程,在扰动后 20 ms 左右接近新的稳态值。

对 HVDC 水电孤岛系统功率调节而言,主要的稳定性限制仍然来自孤岛系统频率稳定性。由式(3-23) 可知,孤岛系统的频率过程本质上为功率和负载偏差的积分,频率的改变反映功率与负载的不平衡。

图 5-7(a) 给出了孤岛系统的频率时间响应过程,由图可见,频率在扰动后迅速上升,经历一个波峰和波谷后达到稳定状态。

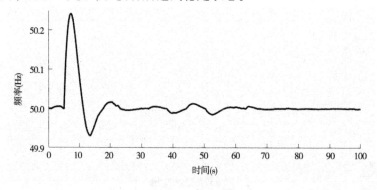

(a) 时间序列

图 5-7　孤岛系统频率

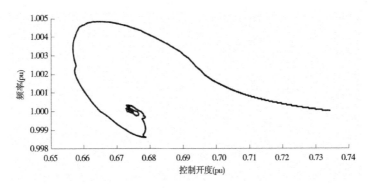

（b）相轨迹

续图 5-7

相轨迹图可反映系统不同状态变量随时间的变化趋势，从相变量分析的角度揭示系统的稳定性和动态特性信息。由图 5-7（b）所示的控制开度—频率相轨迹可见，在系统功率给定阶跃扰动后，相轨迹从右侧的初始平衡点以逆时针螺旋的形式趋近左下方的新平衡，并最终稳定在该新平衡点上。从外形看，新平衡点是一个焦点型的稳定平衡点。

进一步从 0.05 pu 增大扰动幅值至 0.1 pu，所得试验结果与上述过程相近，差别主要在于响应的幅值和调节时间有所增加，此处不再赘述。

5.3.3　功率阶跃增加时的系统功率调节特性

重载工况初始稳态条件下，对直流功率控制器和孤岛机组调速器同步下发增加功率的指令，通过在 $t=5$ s 时，在直流控制器 P_{dcOrd} 和调速器 C_p 处同步施加 0.05 pu 功率给定阶跃扰动，可得如图 5-8～图 5-12 所示的 HVDC 水电孤岛系统的功率—频率响应。

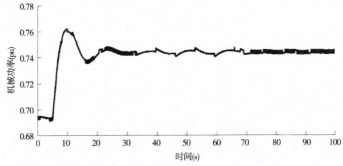

（a）机械功率

图 5-8　系统功率响应

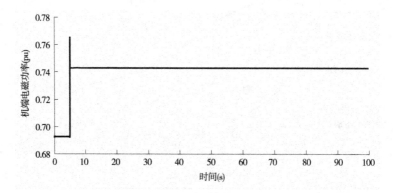

(b) 机端电磁功率

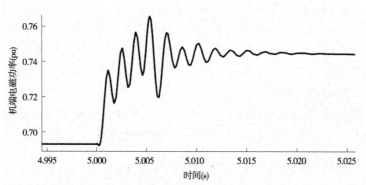

(c) 机端电磁功率扰动部分放大

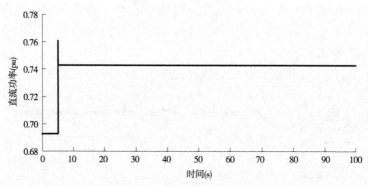

(d) 直流功率

续图 5-8

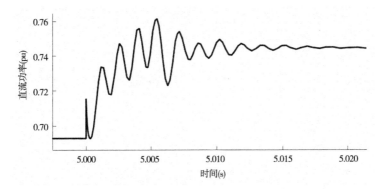

（e）直流功率扰动部分放大

续图 5-8

由图 5-8（a）可见，在 $t=5$ s 时对 P_{dcOrd} 和 C_p 施加 0.05 pu 阶跃扰动后，机械功率先相对快速升高，然后在经历衰减振荡后达到稳态；由图 5-8（b）、（c）可见，机端电磁功率响应仍为高频衰减振荡响应，在一个周波（20 ms）左右振荡衰减到具有较高功率的新稳态值；由图 5-8（d）、（e）可见，直流功率响应与机端电磁功率响应类似，也快速衰减振荡到新稳态值。

对比系统功率 0.05 pu 阶跃扰动和 -0.05 pu 阶跃扰动时的相应功率响应可知，HVDC 水电孤岛系统中的机械功率、电磁功率和直流功率的响应对系统功率给定的上扰和下扰具有类似的响应过程，扰动方向的改变主要影响对应响应方向的改变，可见，系统的功率输出特性在不同扰动情况下具有一致性。

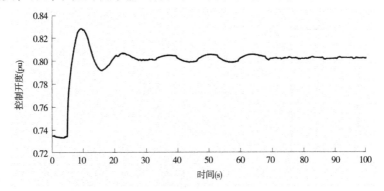

（a）调速器控制开度

图 5-9 有功相关控制输出响应

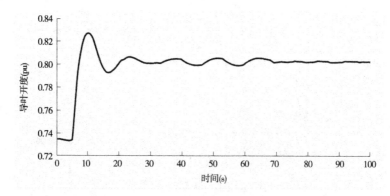

(b)开度输出

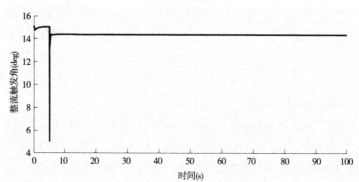

(c)整流触发角

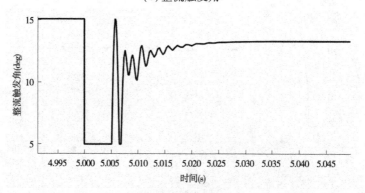

(d)整流触发角扰动部分放大

续图 5-9

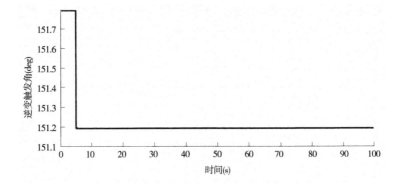

(e)逆变触发角

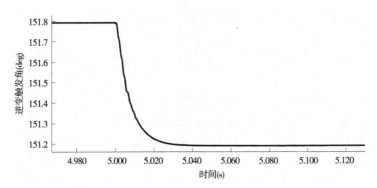

(f)逆变触发角扰动部分放大

续图 5-9

由图 5-9(a)、(b)可见,随着功率给定阶跃增加,原动机调速系统控制开度和导叶开度均先快后慢增加,然后振荡衰减到新稳态值;由图 5-9(c)、(d)可见,整流触发角快速响应功率给定变化,经高频振荡衰减到新稳态值,该过程持续时间在数十毫秒内;由图 5-9(e)、(f)可见,逆变触发角响应为快速过阻尼过程,调节时间也在数十毫秒内。

从功率上扰与功率下扰时的系统功率相关控制输出响应对比可以看出,其响应过程类似,但方向相反,这表明有功控制输出规律对不同扰动具有一致性。

由图 5-10(a)可见,当对系统功率施加阶跃上扰时,孤岛系统频率先快速下降,然后衰减振荡到新稳态值;由图 5-10(b)可见,系统相轨迹从初始平衡点逆时针螺旋趋近更大开度的新平衡点,并最终收敛到新平衡点,相轨迹外形显示新平衡点为稳定的焦点。对比系统功率阶跃上扰和下扰过程可见,系统的频率响应对不同扰动呈现相似的响应过程,但方向相反。

综上分析可知,当系统功率扰动的方向改变时,系统的主要响应规律保持一致,响应的方向发生改变,响应的时间指标接近,这表明 HVDC 水电孤岛系统的功率调节特性在不同方向扰动下具有一致性。

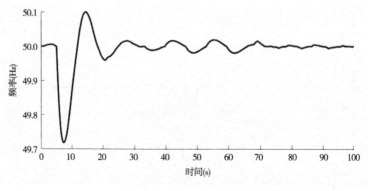

(a)时间序列

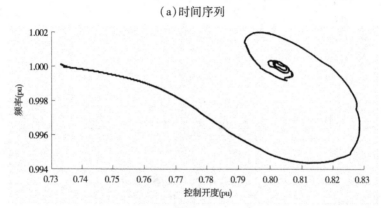

(b)相轨迹

图 5-10　孤岛系统频率

更大幅值的干扰响应与上述响应过程类似,只是幅值有所增加;另外,针对其他功率水平重复上述试验,结果显示出类似的响应过程,表明上述过程在不同工况下具有规律性。

综合上述 HVDC 水电孤岛系统功率调节响应特性分析,可得关于该系统在阶跃功率给定和基于 ITAE 指标最优控制下的一般响应过程为:原动机机械功率响应为慢速机电过渡过程,持续时间在数秒到数十秒,响应过程与导叶开度调节过程一致,表现为先快速单向变化,再慢速调整到稳态值;电磁功率和直流功率的响应为快速暂态过程,在数十毫秒内便可达到新稳态值,直流功率给定对水轮机调速系统而言可等效为负载(电磁功率)阶跃扰动。

5.4 基于系统功率响应特性的改进功率调节方法

根据前面分析可知,对于系统功率给定扰动,水轮机机械功率响应一般为先快后慢的过程,持续时间在数秒到数十秒,而电磁功率和直流功率响应极快,持续时间只有数十毫秒,远小于水轮机调速系统的不动时间,因此相对于慢速的调速系统而言,可认为电磁功率的响应近乎无延时重现了功率给定。另外,电磁功率对原动机而言相当于负载,其扰动特性对系统频率响应有重要影响,一定幅值下过快的负载扰动会引起频率的较大波动,甚至危及系统的稳定运行,而过慢的负载变化则难以满足功率调节对速动性的要求,因此如何在不降低功率响应速度的前提下降低功率调节对频率的扰动问题,值得深入研究。

本节基于对不同物理过程功率响应特性规律的总结,提出一种改进的功率调节方法。考虑采用某种处理函数处理直流功率给定信号,以降低功率调节过程中负载过程(电磁功率)与原动机输出功率(机械功率)过程的差异,从而最大程度降低功率调节对孤岛系统频率的扰动,优化功率调节过程。

定义处理函数 $P_2 = f(P_1)$,假设输入 P_1 为阶跃信号,则输出 P_2 应满足如下条件:

(1)初始输出以可变速度跟随输入;

(2)稳态输出等于稳态输入。

对于所提出的改进功率调节方法,本书给出一种采用传递函数描述的功率给定处理函数

$$P_{\text{dcOrd1}}/P_{\text{dcOrd}} = \frac{1}{1 + T_{\text{aPR}}s} \tag{5-4}$$

当该传递函数输入为幅值等于 P_{dcOrd} 的阶跃信号时,其输出 P_{dcOrd1} 的表达式为

$$P_{\text{dcOrd1}} = P_{\text{dcOrd}}(1 - e^{-t/T_{\text{aPR}}}) \tag{5-5}$$

式中,T_{aPR} 为一阶惯性环节时间常数,其值决定了功率给定变化的速度。

考虑到仿真试验中多种功率扰动下,机械功率达到第一个峰值或谷值的时间在 5 s 左右,本书取 $T_{\text{aPR}} = 2.5$ s,设 P_{dcOrd} 为幅值等于 1.0 的阶跃信号,可画出式(5-5)的函数曲线,如图 5-11 所示。

由图 5-11 可见,式(5-5)处理函数在时间 t 增大时,输出跟随输入信号,并具有先快速跟随,后慢速跟随,最终达到给定值的特性,满足改进处理函数的特性要求。本书基于该处理函数,进行了多个工况的数值仿真,以下以对系统功率给定施加 -0.05 pu 阶跃扰动为例进行说明。

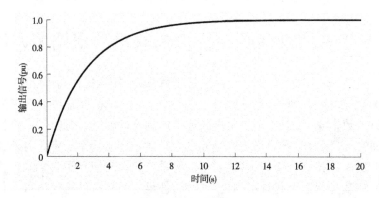

图 5-11　直流功率给定处理函数特性

在 $t=5$ s 时对系统功率给定施加 -0.05 pu 阶跃扰动信号,分别针对未使用式(5-5)所示的处理函数和使用该处理函数两种情况,进行仿真试验,结果如图 5-12~图 5-15 所示。

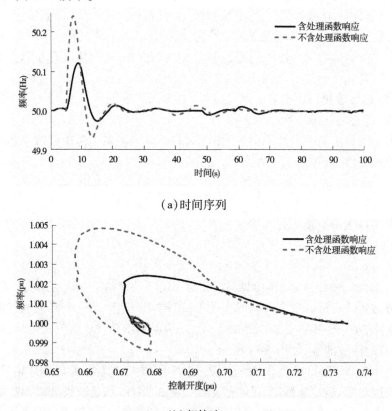

（a）时间序列

（b）相轨迹

图 5-12　频率响应对比

图 5-12 给出了使用直流功率给定处理函数前后的频率响应对比图。由图 5-12(a)可见,使用直流功率给定处理函数后,与不使用时相比,频率响应的超调量大幅降低,显示了所提出的直流功率给定处理函数能够有效降低孤岛系统的频率波动。图 5-12(b)相轨迹图更加清晰地表明,相比于未采用直流功率给定处理函数的情况,采用该处理函数所得的频率响应在经过更小的频率波动后便达到了新的平衡点。

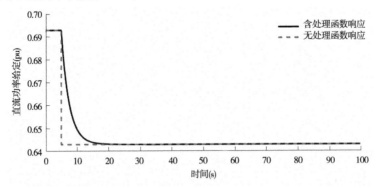

图 5-13 功率处理函数响应

图 5-13 给出了经处理后的直流功率给定信号和原始信号的对比图。由该图可见,功率处理函数将原来的阶跃给定(虚线)映射成了指数衰减给定(实线),新的直流功率给定与原动机功率先快速变化再慢速衰减到稳态的一般特性更具有一致性。

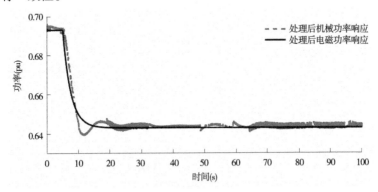

(a)处理后的机械功率与电磁功率

图 5-14 系统功率响应

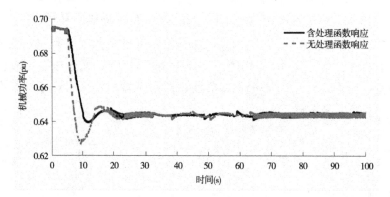

(b)机械功率

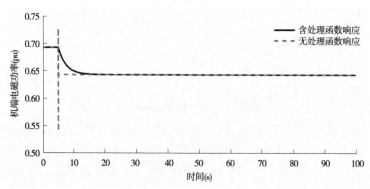

(c)机端电磁功率

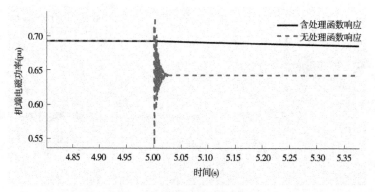

(d)机端电磁功率局部放大

续图 5-14

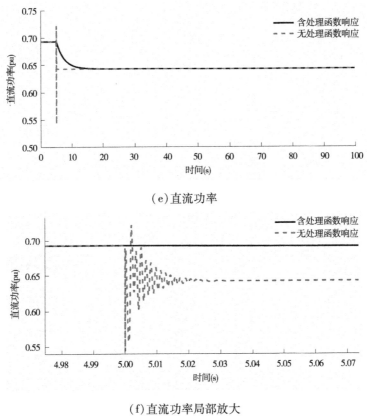

(e)直流功率

(f)直流功率局部放大

续图 5-14

图 5-14 给出了采用式(5-5)对直流功率给定进行处理前后的系统功率响应曲线。

由图 5-14(a)可见,采用提出的功率给定处理函数可以很好地实现电磁功率输出 P_e 与机械功率输出 P_m 之间的匹配,由式(3-23)可知,此时频率偏差必然减小,这也是图 5-12 中针对相同功率给定可获得具有不同动态品质频率响应的原因。

图 5-14(b)给出了使用处理函数前后的机械功率响应,可以看出,采用处理函数后功率响应过程有所变化,这主要受调速器开度过程变化影响,而调速器开度的变化由频率过程决定。

图 5-14(c)、(d)给出的机端电磁功率响应可以看出,使用直流功率给定处理函数后,电磁功率原来的短时高频振荡暂态过程被缓慢的过阻尼过程取代。

图 5-14(e)、(f)给出的直流功率响应显示了与机端电磁功率暂态响应类似的变化。

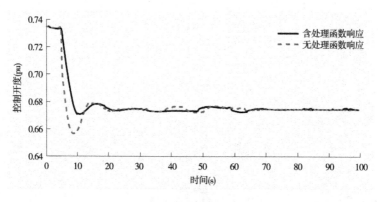

（a）调速器控制开度

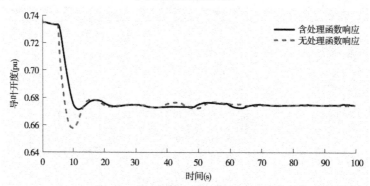

（b）导叶开度

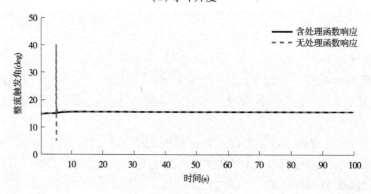

（c）整流触发角

图 5-15　有功相关控制输出响应

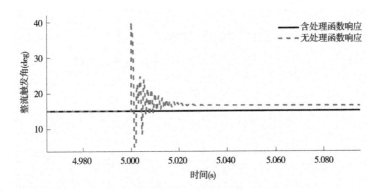

（d）整流触发角局部放大

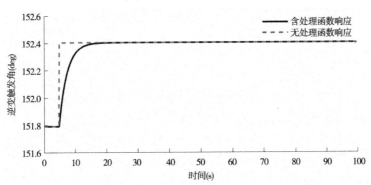

（e）逆变触发角

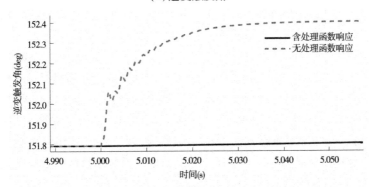

（f）逆变触发角局部放大

续图 5-15

图 5-15 给出了采用式(5-5)处理直流功率给定前后的系统功率相关控制输出响应曲线。

由图 5-15(a)、(b)可见,在使用直流功率给定处理函数后,水电孤岛系统中的调速器控制输出和导叶开度输出响应幅度显著减小,调节时间与原来基本相同。

由图 5-15(c)、(d)可见,采用处理函数后,整流触发角在扰动刚开始时的高频振荡过程变为过阻尼过程。

由图 5-15(e)、(f)可见,采用处理函数后,逆变触发角的控制输出也呈现过阻尼上升过程。

综上分析,直流功率给定处理函数的应用,使 HVDC 水电孤岛系统在功率调节时的系统频率响应超调量显著减小,且原动机功率调节过程的调节时间基本不变,这表明,该方法可有效降低功率调节对孤岛交流系统频率控制的扰动,显著提高功率调节时频率响应的动态品质,改善孤岛系统的频率稳定性。

5.5　小　结

本章在第 4 章 HVDC 水电孤岛系统频率稳定性分析的基础上,进一步研究了该系统的功率调节特性,在第 3 章频率调节模型的基础上建立了一种功率调节模型,为该领域问题研究奠定了基础;基于最优控制参数下的典型工况时域仿真,分析了系统的功率调节特性;在对功率调节时系统不同物理过程的响应特性的深入分析基础上,提出了一种考虑原动机功率特性的直流功率给定处理方法,实现了功率调节过程的优化。研究工作总结如下:

(1)建立了能反映直流功率控制和调速器功率控制特性的 HVDC 水电孤岛系统功率调节大波动模型和仿真平台,并对该模型进行了分析。

(2)基于大量仿真试验,探讨了 HVDC 水电孤岛系统在基于遗传算法和 ITAE 指标的最优控制调速器参数下的功率调节特性,得出如下一般规律:在系统通过功率给定阶跃信号进行功率调节时,原动机机械功率响应为慢速机电过渡过程,持续时间在数秒到数十秒之间,响应过程与导叶开度动作过程一致,表现为先快速单向变化再慢速调整到稳态值;电磁功率和直流功率的响应为快速暂态过程,在数十毫秒内便可达到新稳态值,类似于对原动机调速系统施加了负载(电磁功率)阶跃扰动。

(3)在考虑原动机机械功率、机端电磁功率和直流功率响应特性的基础上,提出了一种将阶跃直流功率给定信号映射成与机械功率过程特性相近的给定信号的处理方法,仿真试验表明,该方法能够有效降低功率调节对孤岛系统的扰动,改善功率调节引起的频率波动动态过程品质,提高系统的稳定性。

6 HVDC 水电孤岛系统对受端电网的一次调频控制研究

6.1 引 言

为保证电力系统安全稳定运行,为用户提供优质电能,需将系统频率控制在规定范围内,而系统负荷中的不可预计负荷具有变化快、不可预测的特点,容易引起系统频率的波动,为避免频率波动超出规定范围,要求系统具有尽可能多的一次调频容量。然而,实际中为保证一次调频机组具有足够的调频容量,需要留有足够的旋转备用容量(又称热备用容量),使得机组既不能带满负荷,也不能空载运行,而是处于两者之间的运行状态,这对水电机组而言,意味着偏离额定工况运行,将引起机组运行效率的降低;除此之外,一次调频机组比禁用该功能的机组调频动作更加频繁,可能使其检修周期相应地缩短。鉴于这些因素,电源侧倾向于在满足规定的情况下,向系统提供尽可能少的一次调频容量,这使得一次调频容量成为电力系统中的一种重要资源,以至于许多电力系统设立了一次调频贡献指标,通过考核来促使电源厂家提供一次调频容量。

HVDC 水电孤岛系统虽具有巨大的水力发电容量,但目前一般对受端电网并不提供一次调频支撑,部分原因在于,人们倾向于认为,送端孤岛运行方式下,系统难以依靠调速器独立调频,应采用直流附加频率控制进行辅助调频,使得通过直流对受端的一次调频方法缺乏研究。然而,本书第 4 章的 HVDC 水电孤岛系统调速器独立调频方式下的稳定性分析表明,当参数在一定范围内时,送端孤岛系统调速器可以独立实现频率的稳定控制,并具有良好的动态特性。由于 HVDC 水电孤岛系统普遍具有大型水电机组或水电基地,含有大量潜在一次调频容量,因此研究该型系统对主网的一次调频支撑具有重要意义。

本章研究了 HVDC 水电孤岛系统对受端主网的一次调频方法。首先构建了直流附加频率控制模型,并在以送端频率为被控变量的系统上分析了附加频率控制效果,然后,基于直流附加频率控制对受端调频的方法,构建了 HVDC 水电孤岛系统对受端一次调频的简化模型,并针对此模型进行了仿真研究。

6.2　直流附加频率控制

直流附加频率控制是一种对直流功率给定进行附加调制的频率控制方式。该控制利用直流输电功率的快速可控性,按频率偏差调整直流输电功率给定,从而调节受控系统功率水平,实现对交流系统的频率调整。

6.2.1　含直流附加频率控制接口的直流功率控制器

直流附加频率控制的输出为直流功率给定修正信号 P_{dcFc},将该信号叠加到图 5-2 所示的直流功率控制器的功率给定信号上,可以得到带附加频率控制接口的功率控制器,如图 6-1 所示。

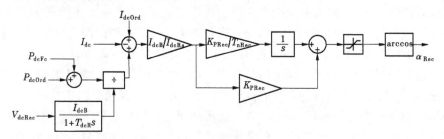

图 6-1　带直流附加频率控制接口的功率控制器

6.2.2　直流附加频率控制器

直流附加频率控制器采用工程中广泛应用的 PI 控制器,如图 6-2 所示,图中 ω_{ord} 为频率给定,T_{dFc} 为测频时间常数,K_{PFc} 和 K_{IFc} 分别为比例和积分增益。

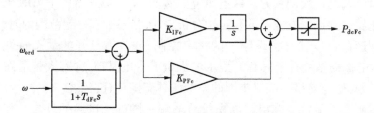

图 6-2　送端频率直流附加频率控制器模型

考虑到直流附加频率控制一般在送端或受端系统频率波动较大时起作用,此时控制的优先目标不再是控制功率到给定值,而是使受控频率尽快恢复到规定范围内,故应禁用 5.4 节所提出的直流功率给定处理函数。

本章主要研究直流附加频率控制起作用时的系统特性,因此不采用处理函数对直流功率给定信号进行处理;直流功率控制器模型采用如图 6-1 所示模型;对送端的附加频率控制模型采用如图 6-2 所示模型;其他模型同第 5 章所建立的 HVDC 水电孤岛系统功率调节模型。

6.2.3　以送端系统频率为被控制量的直流附加频率控制仿真

当受端系统为大电网时,直流附加频率控制可用来在送端系统出现大幅频率波动时进行辅助调频。本节探讨了直流附加频率控制独立承担送端孤岛系统调频功能时的调节特性。调速器控制参数如表 5-1 所示,直流附加频率控制参数如表 6-1 所示,初始工况为 90% 机组额定出力和额定水头。

表 6-1　直流附加频率控制参数

参数	值
K_{PFc}	4.674 8
K_{IFc}	4.988 2
T_{dFc}	0.020 0

将调速器人工频率死区设置为 ±0.5 Hz,以禁用机组调速功能;直流附加频率控制频率死区设置为 0。当 $t = 5$ s 时,通过在式(3-23)中的 T_{dis} 信号上施加 −0.05 pu 阶跃扰动来模拟孤岛系统负载扰动(如孤岛系统中的某些厂用负载跳开),可得图 6-3 所示的响应过程。

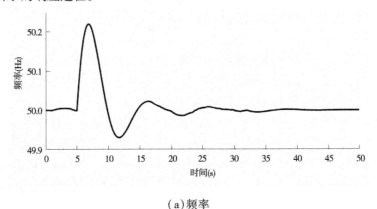

(a)频率

图 6-3　直流附加频率控制独立控制送端频率时的响应

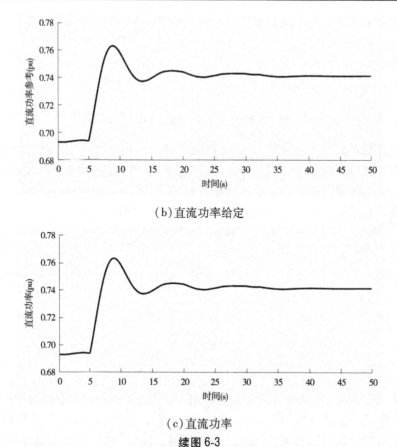

（b）直流功率给定

（c）直流功率

续图 6-3

图 6-3（a）给出了直流附加频率控制独立控制送端系统频率时的送端负载扰动频率响应，可见，该控制方式能够实现孤岛系统频率的有效控制。

图 6-3（b）给出了不改变外部直流功率给定 P_{dcOrd}，而完全由附加频率控制输出 P_{dcFc} 作用得到的实际直流功率给定曲线，可见该响应与频率变化趋势一致，即频率上升时，直流功率给定增加；反之，给定减小，附加频率控制通过改变孤岛系统的负载水平（直流输送功率）来调频。

图 6-3（c）给出了直流功率响应曲线，显示直流功率输出跟随给定变化，这与第 5 章关于直流功率的快速响应特性一致。此外，由该图可见，直流附加频率控制的动作引起了直流功率的波动，这必然会对受端造成功率扰动，并改变计划输送功率水平，这也是直流附加频率控制主要作为送端频率波动过大时的辅助调频方法的原因。

以上仿真结果表明，直流附加频率控制可有效控制系统频率。

6.3　基于直流附加频率控制的受端系统一次调频

目前,在 HVDC 水电孤岛系统中,直流附加频率控制一般用于孤岛系统的频率控制,而较少用于对受端主网的频率控制,原因在于受端系统一般被认为是一个容量很大的系统,可以采用恒频的无穷大母线表示。这种假设对一般情况而言是合理的,本书此前对 HVDC 水电孤岛系统频率稳定性和功率调节特性的研究也基于这一假设。但在某些特殊情况下,如灾害或故障导致受端电网解列为多个中小型系统,使得受端系统在扰动时可能出现大幅频率波动,此时,无穷大母线假设就不再适用,本节即针对此种情况下 HVDC 水电孤岛系统对受端系统的一次调频特性进行研究。

电力系统一次调频(Primary Frequency Control)指在电力系统频率波动超出规定范围时,原动机调速器在控制给定未改变时,自动按频差控制机组出力,以维持系统功率平衡和频率稳定的一种控制。

本书将 HVDC 水电孤岛系统对受端系统的一次调频定义为受端系统频率出现扰动时,HVDC 水电孤岛系统在不修改其各控制器给定的条件下,自动按受端频差控制系统对受端的功率注入水平,即频率升高时增加对受端的功率输送,频率下降时降低输送,以维持受端功率平衡和频率稳定的一种控制。事实上这种控制已经体现在直流附加频率控制以受端频率为被控量时的情形,本节也基于此种控制方法展开研究。

6.3.1　受端系统简化模型

在将受端系统恒频假设(无穷大母线)修改为频率随功率平衡情况而波动后,为模拟受端系统的频率—功率变化特性,需要对图 3-1 所示的 HVDC 水电孤岛系统模型的受端模型进行修改。为便于分析,可采用一台等值机 G_e 模拟受端系统中的有功频率过程,修改后的系统示意图如图 6-4 所示。

因本节重点关注对受端系统的有功频率调节过程,故忽略受端系统无功电压过程,采用恒压假设,可得到受端系统的一阶运动模型:

$$p\omega_{\text{LAc}\Delta} = \frac{1}{2H_{\text{LAc}}}\left(\frac{P_{\text{dcInv}}}{1 + \omega_{\text{LAc}\Delta}} - \frac{P_{\text{LAcLoad}\Delta}}{1 + \omega_{\text{LAc}\Delta}}\right) \tag{6-1}$$

式中,$\omega_{\text{LAc}\Delta} = \omega_{\text{LAc}} - 1$ 为受端系统频率 ω_{LAc} 从额定值的偏差,pu;H_{LAc} 为受端系统等效机组惯性时间常数,s;P_{dcInv} 为逆变器端的直流功率,忽略逆变站的功率损耗,则逆变直流功率近似等于受端系统的输入功率;$P_{\text{LAcLoad}\Delta}$ 为受端系统的负载扰动。

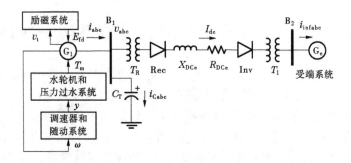

图 6-4　受端采用等值机的 HVDC 水电孤岛系统

6.3.2　HVDC 水电孤岛系统对受端的一次调频模型

HVDC 水电孤岛系统对受端的一次调频应能够在控制给定不变、受端频率升高时,自动降低 HVDC 水电孤岛系统有功输出,而受端频率降低时,自动增加 HVDC 水电孤岛系统有功输出。本节基于具有该特性的以受端频率为被控信号的直流附加频率控制进行了一次调频模型构建。

图 6-1 所示的附加频率控制以送端频率为被控信号,因直流功率对送端相当于负载而对受端相当于功率输入,增加直流功率对两端频率变化起相反作用,故将该控制用于受端频率控制时,可通过修改偏差符号,得到以受端频率为被控信号的控制器,如图 6-5 所示,图中控制参数意义同图 6-1。

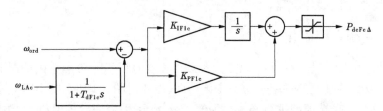

图 6-5　一次调频控制器(以受端频率为反馈信号的附加频率控制器)

在第 5 章功率调节模型基础上,采用上述假设和模型,并利用式(6-1)所示的受端系统等值发电机组和恒压条件代替原无穷大母线模型,即可得到 HVDC 水电孤岛—受端系统一次调频模型。

6.3.3　时域仿真

将系统初始工况设为 90% 机组额定出力和额定水头。为便于观察受端系统频率响应,假设受端系统已经因故障或事故而变得相对较小,取等效惯性时间

常数 $H_{LAc} = 30$ s。经比较分析,直流附加频率控制参数设置如表 6-2 所示。在 $t =$ 5 s 时,通过受端系统模型中的负载扰动信号 $P_{LAcLoad\Delta}$ 对系统施加−0.1 pu 阶跃扰动,可得如图 6-6、图 6-7 所示的仿真结果。

表 6-2　直流附加频率控制参数

参数	值
K_{PFc}	4.293 3
K_{IFc}	4.698 7

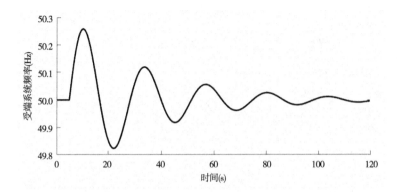

(a)受端系统频率

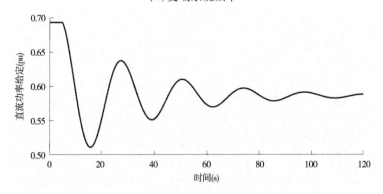

(b)直流功率给定

图 6-6　受端系统有功—频率响应

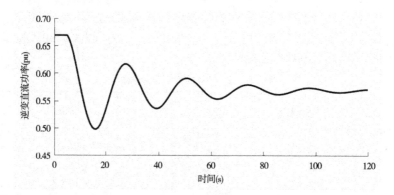

（c）逆变直流功率

续图 6-6

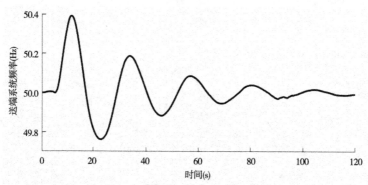

（a）送端系统频率

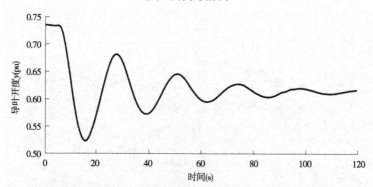

（b）导叶开度

图 6-7　送端系统有功—频率响应

由图 6-6(a)给出的受端系统频率响应可见,在 $t = 5$ s 时,对受端系统施加 -0.1 pu 负载阶跃扰动后,受端系统频率发生了衰减振荡响应,表明基于直流附加频率控制的一次调频能够有效控制负荷扰动导致的频率波动。图 6-6(b)、(c)进一步给出了在直流功率给定等未人为改变时,因对受端进行一次调频控制引起的直流功率改变过程,由图可见,随着反馈频率的升高,一次调频降低了直流对受端的功率注入;反之,随着频率的降低,一次调频增加了对受端的功率注入,这表明了基于直流附加频率控制方法可以对受端实施有效的一次调频控制。

图 6-7 给出了孤岛送端系统的相关有功—频率响应,可以看出,孤岛送端系统随着 HVDC 系统对受端的一次调频而出现了频率波动,主要原因为直流输送功率的变动会引起机端电磁功率的变动,即引起机组负载的变动,等效为对孤岛系统施加负载扰动。对比图 6-6(b)和图 6-7(a)可见,随着直流功率的下降,孤岛系统频率上升,反之相反;由图 6-7(b)可见,调速器能够有效调节孤岛系统的频率波动。

采用不同参数进行进一步仿真,结果表明,对受端系统一次调频较快的参数会引起较大的送端频率波动,反之引起较小的送端频率波动,这显示出直流附加频率控制所固有的对一端的频率支撑以对另一端的频率扰动为基础的本质特点,实际中应按需要设置相关参数,并充分考虑两端系统的不同运行条件。

上述算例仿真表明,基于直流附加频率控制的受端系统一次调频方法在一定扰动和参数下是可行的。值得注意的是,直流附加频率控制对受端系统一次调频的同时,对送端孤岛系统也带来了扰动。

6.4 小 结

本章研究了 HVDC 水电孤岛系统对受端系统的一次调频理论和方法,建立了直流附加频率控制和受端系统有功—频率简化模型,并基于直流附加频率控制方法进一步仿真研究了 HVDC 水电孤岛系统对受端系统的一次调频特性。研究工作总结如下:

(1)建立了直流附加频率控制模型,并进行了附加频率控制独立控制送端频率时的仿真研究,结果显示,该种控制方式可以稳定孤岛频率,但会对受端带来功率扰动,并使直流输送功率偏离给定值。

(2)建立了受端系统有功—频率简化模型,并基于此搭建了 HVDC 水电孤岛系统对受端系统的一次调频模型。

(3)初步研究表明,基于直流附加频率控制的 HVDC 水电孤岛系统对受端系统一次调频可行,但在实际应用中,应注意其对送端频率稳定的不利影响。

附录 符号对照表(按字母顺序)

A	线性系统状态方程的状态矩阵
$A_k, k = 1,2,3$	系统对部分变量的雅可比矩阵
a	字母 a 及其下标表示状态矩阵 A 的不同元素
$a_{ck}, k = 0,1,\cdots,n$	特征多项式的系数
α_{Inv}	逆变触发延迟角(简称逆变触发角)
α_{Rec}	整流触发延迟角(简称整流触发角)
b_{p}	调速器永态转差系数
B	线性系统的输入矩阵
$B_{\mathrm{c1}} - U_{\mathrm{c1}}$	劳斯表元素
B_{dc}	一个直流极上 6 脉动 Graetz 换流桥的个数
$B_k, k = 1,2,3$	系统对部分变量的雅可比矩阵
c_i	$c_i = (\psi_{i,1}, \psi_{i,2}, \cdots, \psi_{i,n}) \overrightarrow{x}_\Delta(0)$ 为系数
C	线性系统的输出矩阵
C_1	$C_1 = 1/(1/x_{\mathrm{lkq}} + 1/x_{\mathrm{la}} + 1/x_{\mathrm{aq}})$ 为中间变量
C_2	$C_2 = 1/(1/x_{\mathrm{ad}} + 1/x_{\mathrm{la}} + 1/x_{\mathrm{lfd}} + 1/x_{\mathrm{lkd}})$ 为中间变量
$C_{ci}, i = 1,2,\cdots,m$	控制参数
C_{p}	调速器功率给定
C_{T}	电容值
C_{y}	调速器开度给定
D	线性系统的直接传输矩阵
D_1	水轮机转轮公称直径
Δ	下标 Δ 表示原变量相对初始值的偏差
∂	偏微分算子
δ_{Inf}	转子角

δ_{PARec}	两个旋转坐标系的夹角
e	频率偏差信号
e_{mh}	水轮机力矩对水头的传递系数
e_{my}	水轮机力矩对开度的传递系数
$e_{m\omega}$	水轮机力矩对转速的传递系数
e_p	调速器功率调差系数
e_{qh}	水轮机流量对水头的传递系数
e_{qy}	水轮机流量对开度的传递系数
$e_{q\omega}$	水轮机流量对转速的传递系数
E_{fd}	励磁装置输出励磁电压
$\vec{f}$	$\vec{f} = [f_1, f_2, \cdots, f_n]^T$ 为 n 维函数向量
$f_k, k = 1, 2, \cdots, n$	函数符号
f_{nc}	函数符号
f_{tl}	函数符号
f_0	振荡响应频率
f_r	额定交流频率
$\vec{\varphi}$	右特征向量
φ_{Inv}	逆变换流母线上的功率因数角
φ_{Rec}	换流母线上的功率因数角
$\vec{\varphi}_k, k = 1, 2, \cdots, n$	带维数标识的右特征向量
Φ	右特征向量矩阵
$\vec{g}$	$\vec{g} = [g_1, g_2, \cdots, g_m]^T$ 为 m 维代数公式向量
$g_k, k = 1, 2, \cdots, m$	代数公式符号
g_{tl}	函数符号
G_h	水头—流量传递函数
h	水轮机相对工作水头
h_0	水轮机初始相对水头
h_w	管路特性系数
H	水轮机工作水头

H_0	水轮机初始水头
H_G	发电机组转动部分惯性时间常数
H_{LAc}	受端系统等效机组惯性时间常数
H_r	水轮机额定水头
i_0	0 轴电流分量
i_{abc}	发电机定子输出三相电流
i_{aHAcB}	换流变网侧电流基准值
i_{Cabc}	机端电容器消耗三相电流
i_{Cd}	机端电容电流的 d 轴分量
i_{Cq}	机端电容电流的 q 轴分量
i_d	定子电流 d 轴分量
i_{DCabc}	换流器消耗三相电流
i_{infabc}	受端电网从换流母线吸收的电流
i_q	定子电流 q 轴分量
I	单位矩阵
I_{aNet}	换流变电流
I_{dc}	直流输送电流
I_{dcB}	直流电流基准值
I_{dcOrd}	直流电流给定
I_{dcRa}	直流额定电流
I_{dDC}	整流换流变网侧母线上的电流 d 轴分量
I_{dRec}	换流变电流在 d_R—q_R 坐标系 d_R 轴上的分量
I_{fd}	励磁电流
I_{LR}	励磁电流限制值
I_{qDC}	整流换流变网侧母线上的交流电流 q 轴分量
I_{qRec}	换流变电流在 d_R—q_R 坐标系 q_R 轴上的分量
Inv	逆变器
K_{aEx}	励磁调节器增益
K_d	PID 控制器的微分增益

K_F	励磁模型中实际微分反馈环节的增益
K_i	PID 控制器的积分增益
K_{IFc}	直流附加频率控制积分增益
K_p	PID 控制器的比例增益
K_{PFc}	直流附加频率控制比例增益
K_{PInv}	直流电压 PI 控制器的比例增益
K_{PRec}	直流电流 PI 控制器的比例增益
K_{LR}	励磁电流限制增益
ξ	复数特征值的阻尼比
$L_{i,j}$	劳斯表的元素
λ	矩阵的特征值
$\lambda_i, i = 1,2,\cdots,n$	矩阵的特征值
Λ	$\Lambda = \mathrm{dia}(\lambda_1,\lambda_2,\cdots,\lambda_n)$ 为由特征值组成的对角阵
M_{11}	单位力矩
m_t	水轮机相对力矩
M_t	水轮机力矩
n	机组转速
n_{11}	单位转速
ω	电角速度,电角速度标幺值等于机组频率标幺值和机组转速标幺值,书中,三者均使用符号 ω 表示
ω_{base}	$\omega_{\mathrm{base}} = 2\pi f_r$ 为电角速度基准值
ω_i	复数的虚部
ω_{LAc}	受端系统频率
ω_{ord}	附加频率控制的频率给定
ω_{ref}	调速器的频率给定
p	$p = \mathrm{d}/\mathrm{d}t$ 为时间导数算子
P	$P = [P_1,P_2,\cdots,P_n]$ 为参与矩阵
P_{dcFc}	直流功率给定修正信号
P_{dcInv}	逆变端直流功率

P_{dcOrd}	直流功率给定
P_{dcOrd1}	处理后的直流功率给定
P_{dcRec}	整流端直流功率
$P_k, k = 1, 2, \cdots, n$	参与矩阵的列向量
$p_{k,i} = \phi_{k,i}\psi_{k,i}, k = 1, 2, \cdots, n; i = 1, 2, \cdots, n$	参与矩阵的元素
$P_{LAcLoad\Delta}$	受端系统的负载扰动
P_T	机端瞬时功率
Ψ	左特征向量矩阵
ψ_{ad}	$\psi_{ad} = C_2(\psi_d/x_{la} + \psi_{fd}/x_{lfd} + \psi_{kd}/x_{lkd})$ 为中间变量
ψ_{aq}	$\psi_{aq} = C_1(\psi_q/x_{la} + \psi_{kq}/x_{lkq})$ 为中间变量
ψ_d	定子磁链 d 轴分量
ψ_{fd}	励磁磁链
ψ_{kd}	转子 kd 阻尼绕组磁链
ψ_{kq}	转子 kq 阻尼绕组磁链
ψ_q	定子 q 轴磁链
q_t	水轮机相对流量
Q_{11}	单位流量
Q_{dcInv}	逆变器消耗的无功功率
Q_t	水轮机流量
Q_{tr}	水轮机额定流量
r_a	定子单相电阻
r_{fd}	转子励磁绕组电阻
r_{kd}	转子 kd 阻尼绕组电阻
r_{kq}	转子 kq 阻尼绕组电阻
R_{DCe}	等效电阻
Rec	整流器
s	拉普拉斯算子
S_1	励磁电流限幅环节

S_2	励磁电压动态限幅环节
σ	复数的实部
t	时间
t_0	初始时间
t_{d}	振荡响应衰减时间常数
t_{s}	调节时间
T_{1v}	调试器实际微分环节的时间常数
T_{aEx}	励磁调节器时间常数
T_{aPR}	一阶惯性环节时间常数
Tap_{Inv}	逆变换流变的二次绕组匝数与一次绕组匝数之比
Tap_{Rec}	整流变二次绕组匝数与一次绕组匝数之比
T_{dcR}	直流电压测量时间常数
T_{dFc}	附加频率控制的测频时间常数
T_{dis}	扰动力矩
T_{e}	发电机电磁力矩
T_{F}	励磁模型中实际微分反馈环节的时间常数
T_{I}	逆变换流变变压器(简称逆变换流变)
T_{m}	水轮机输出机械力矩
T_{nInv}	直流电压控制器参数
T_{nRec}	直流电流控制器参数
T_{pf}	功率变送器时间常数
T_{r}	水击相长
T_{R}	整流换流变压器(简称整流变)
T_{w}	水流惯性时间常数
T_{y}	接力器反应时间常数
$\vec{u}$	$\vec{u}=[u_1,u_2,\cdots,u_r]^{\mathrm{T}}$ 为状态方程的控制输入向量
$u_k,k=1,2,\cdots,r$	系统控制输入量
v_0	0 轴电压分量
v_{d}	机端电压 d 轴分量

v_q	机端电压 q 轴分量
v_t	机端电压
V_{aInfB}	逆变换流变网侧电压基准值
$V_{aLnHAcB}$	整流换流变网侧电压基准值
V_{dcB}	直流电压基准值
V_{dcInv}	逆变器端直流电压
$V_{dcNLInv}$	逆变器空载直流电压
$V_{dcNLRec}$	整流器空载直流电压
V_{dcRa}	额定直流电压
V_{dcRec}	整流器端直流电压
$V_{dcRecOrd}$	整流端直流电压参考
V_{Inf}	无穷大母线电压
V_{qInv}	逆变换流变网侧换流母线电压
V_{qRec}	整流变网侧换流母线电压
V_{tR}	机端电压参考
$\vec{x}$	$\vec{x} = [x_1, x_2, \cdots, x_n]^T$ 为 n 维系统状态列向量
x_{aq}	定子和转子互感抗 q 轴分量
$x_k, k = 1, 2, \cdots, n$	系统状态变量
x_{la}	定子单相漏电抗
x_{lfd}	转子励磁绕组漏电抗
x_{lkd}	转子 kd 阻尼绕组漏电抗
x_{lkq}	转子 kq 阻尼绕组漏电抗
X_{coInv}	逆变换流变的换相电抗
X_{coRec}	整流换流器的换相电抗
X_{DCe}	等效电抗
$\vec{y}$	状态方程的输出向量
y	接力器开度或导叶开度(忽略接力器开度与导叶开度间的差别)
y_c	调速器控制输出

参 考 文 献

[1] 刘振亚. 构建全球能源互联网 推动能源清洁绿色发展[J]. 国家电网,2015(11):22-26.

[2] 史立山. 中国能源现状分析和可再生能源发展规划[J]. 可再生能源,2004(5):1-4.

[3] 刘振亚,张启平,董存,等. 通过特高压直流实现大型能源基地风、光、火电力大规模高效率安全外送研究[J]. 中国电机工程学报,2014,16:2513-2522.

[4] 国家发展和改革委员会. 可再生能源中长期发展规划[J]. 可再生能源,2007,05:1-5.

[5] 白建华,闫晓卿,程路. "十三五"电力流及电源规划方案研究[J]. 中国电力,2015,01:15-20.

[6] RENEWABLES 2019 GLOBAL STATUS REPORT[R]. Information on http://www.ren21.net/gsr-2019/.

[7] 吴吟. 中国能源战略思考与"十二五"能源发展要点[J]. 中国煤炭,2010,07:8-10.

[8] Kundur P. Power system stability and control[M]. New York: McGraw-hill, 1994.

[9] Anderson P M, Fouad A A. Power system control and stability[M]. John Wiley & Sons, 2008.

[10] Lee D C, Baker D H, Bess K C. IEEE Recommended practice for excitation system models for power system stability studies[J]. IEEE Standard, 1992, 421: 5-92.

[11] 程远楚, 张江滨. 水轮机自动调节[M]. 北京:中国水利水电出版社, 2010.

[12] 沈祖诒. 水轮机调节[M]. 北京:中国水利水电出版社, 1998.

[13] 程远楚. 水电机组智能控制策略与调速励磁协调控制的研究[D]. 武汉:华中科技大学, 2002.

[14] 赵桂连. 水电站水机电联合过渡过程研究[D]. 武汉:武汉大学, 2004.

[15] 凌代俭,陶阳,沈祖诒. 考虑弹性水击效应时水轮机调节系统的 Hopf 分岔分析[J]. 振动工程学报,2007,04:374-380.

[16] 王涛, 杨晓萍, 余向阳, 等. 基于神经网络的水轮机调节系统自抗扰控制[J]. 水力发电学报, 2006, 25(3): 125-129.

[17] 孙美凤, 王铁生, 陆桂明. 水力机组预测控制分析与研究[J]. 水力发电学报, 2010(4): 230-234.

[18] 贺静波, 张剑云, 李明节, 等. 直流孤岛系统调速器稳定问题的频域分析与控制方法[J]. 中国电机工程学报, 2013, 33(16): 137-143.

[19] 王珊,周建中,杜思存,等. 基于 RBF 神经网络的水轮机调节系统辨识[J]. 水力发电, 2006,03:42-44.

[20] 陈志盛,聂成翔,刘雁俊,等. 基于 FRIT 数据驱动方法的水轮机调节系统优化控制[J]. 水力发电学报,2014,02:242-245.

[21] Li C, Zhou J. Parameters identification of hydraulic turbine governing system using improved

gravitational search algorithm[J]. Energy Conversion and Management, 2011, 52(1): 374-381.

[22] 方红庆, 陈龙, 李训铭. 基于线性与非线性模型的水轮机调速器 PID 参数优化比较[J]. 中国电机工程学报, 2010(5): 100-106.

[23] Mansoor S P, Jones D I, Bradley D A, et al. Reproducing oscillatory behaviour of a hydroelectric power station by computer simulation[J]. Control Engineering Practice, 2000, 8(11): 1261-1272.

[24] 寇攀高, 周建中, 何耀耀, 等. 基于菌群-粒子群算法的水轮发电机组 PID 调速器参数优化[J]. 中国电机工程学报, 2009(26): 101-106.

[25] 寇攀高, 周建中, 张孝远, 等. 基于滑模变结构控制的水轮机调节系统[J]. 电网技术, 2012, 36(8): 157-162.

[26] 魏守平. 水轮机调节系统机组甩 100% 额定负荷及接力器不动时间特性分析和仿真[J]. 水电自动化与大坝监测, 2010, 34(1): 5-12.

[27] 曹春建, 张德虎, 刘莹莹, 等. 基于改进粒子群算法的水轮机调节系统分数阶 PIλDμ 控制器设计[J]. 中国农村水利水电, 2013(11): 96-101.

[28] Kishor N, Saini R P, Singh S P. A review on hydropower plant models and control[J]. Renewable and Sustainable Energy Reviews, 2007, 11(5): 776-796.

[29] 王华伟, 韩民晓, 范园园, 等. 呼辽直流孤岛运行方式下送端系统频率特性及控制策略[J]. 电网技术, 2013, 05: 1401-1406.

[30] 范园园, 韩民晓, 刘崇茹, 等. 水电孤岛高压直流送出协调控制策略[J]. 电网技术, 2012, 36(7): 237-242.

[31] 刘红, 邬廷军, 敖光华. 基于孤岛运行电站的调速器控制策略研究[C]//中国水力发电工程学会信息化专委会, 水电控制设备专委会 2013 年学术交流会论文集, 2013.

[32] 汤凡, 刘天琪, 李兴源. 大型水电机组与交直流互联电网的耦合作用[J]. 电网技术, 2011, 35(3): 38-43.

[33] 舒印彪, 刘泽洪, 袁骏. 2005 年国家电网公司特高压输电论证工作综述[J]. 电网技术, 2006, 30(5): 1-12.

[34] 赵畹君. 高压直流输电工程技术[M]. 2 版. 北京: 中国电力出版社, 2014.

[35] 苑舜, 康激扬, 宋云东. 弱送端系统高压直流输电安全稳定控制策略研究综述[C]//2012 输变电年会论文集, 2012.

[36] Long W, Nilsson S. HVDC transmission: yesterday and today[J]. Power and Energy Magazine, IEEE, 2007, 5(2): 22-31.

[37] Bahrman M, Johnson B. The ABCs of HVDC transmission technologies[J]. IEEE power and energy magazine, 2007, 2(5): 32-44.

[38] Breuer W, Povh D, Retzmann D, et al. Trends for future HVDC Applications[J]. 16th CEPSI, November, 2006: 6-10.

[39] 金小明, 蔡汉生. 云广特高压直流系统孤岛运行的影响及相应对策[J]. 南方电网技术,

2010, 4(2): 15-20.

[40] 马玉龙, 石岩, 殷威扬, 等. HVDC 送端孤岛运行方式的附加控制策略[J]. 电网技术, 2006, 24: 22-25.

[41] 陈亦平, 程哲, 张昆, 等. 高压直流输电系统孤岛运行调频策略[J]. 中国电机工程学报, 2013, 04: 96-102, 13.

[42] 李亚男, 马为民, 殷威扬, 等. 向家坝—上海特高压直流系统孤岛运行方式[J]. 高电压技术, 2010, 01: 185-189.

[43] 洪潮, 李岩, 贾磊, 等. 云广直流带小湾和金安桥两个电厂的孤岛运行调试与分析[J]. 南方电网技术, 2013, 02: 10-15.

[44] 赵良, 覃琴, 郭强, 等. 中蒙直流输电工程送端孤岛频率控制问题[J]. 电网技术, 2008, 21: 22-25.

[45] 贾旭东, 郭琦, 韩伟强, 等. 孤岛方式下云广直流自动功率调整功能与小湾电厂 AGC 配合的仿真[J]. 南方电网技术, 2011, 03: 6-9.

[46] 王洪涛, 施鹏程, 胡辉祥. 天广直流附加稳定控制策略研究[J]. 电力自动化设备, 2011, 08: 90-93, 98.

[47] 金小明, 蔡汉生. 云广特高压直流孤岛运行影响及对策研究[C]//中国电机工程学会年会. 2008.

[48] 罗斐, 王健. 天广直流孤岛运行测试与分析[J]. 电力系统及其自动化学报, 2011, 23 (6): 101-104.

[49] 徐攀腾. 云广特高压直流输电工程送端孤岛频率控制分析[J]. 电力建设, 2011, 32 (11): 48-50.

[50] 魏亮, 王渝红, 李兴源, 等. 高压直流输电送端孤岛运行附加频率控制器设计[J]. 电力自动化设备, 2016, 36(1): 143-148.

[51] Mansoor S P, Jones D I, Bradley D A, et al. Stability of a pump storage hydro-power station connected to a power system[C]//Power Engineering Society 1999 Winter Meeting, IEEE, 1999, 1: 646-650.

[52] 洪潮, 李岩, 杨煜, 等. 云广直流系统仅带小湾电厂孤岛运行的调试与分析[J]. 南方电网技术, 2011, 5(5): 1-6.

[53] 陈亦平. 直流孤岛运行特性和安全稳定控制措施的研究[D]. 广州: 华南理工大学, 2014.

[54] Amos Salvador. 能源历史回顾与 21 世纪展望[M]. 北京: 石油工业出版社, 2007.

[55] 李菊根, 雷定演, 邝凤山, 等. 我国水电科技创新与进步综述[J]. 水力发电, 2013, 39 (1): 1-4.

[56] 李兴源. 高压直流输电系统[M]. 北京: 科学出版社, 2010.

[57] Chapman D G, Jost F A. Operation of an isolated hydro plant supplying an HVDC transmission load[J]. IEEE Trans. Power Appar. Syst.; (United States), 1976, pas-95: 4(4): 1099-1104.

[58] Asplund G. Sustainable energy systems with HVDC transmission[C]// Power Engineering

Society General Meeting, 2004. IEEE, 2004:2299 - 2303 Vol.2.

[59] Bateman L A, Haywood R W, Brooks R F. Nelson River DC Transmission Project[J]. IEEE Transactions on Power Apparatus & Systems, 1969, pas-88(5):688-694.

[60] Dhaliwal N S, Recksiedler L D, Tang D T Y. Operating experiences of the Nelson River HVDC system[C]//Transmission and Distribution Conference, 1996. Proceedings. 1996: 174-180.

[61] Praca A, Arakaki H, Alves S R, et al. Itaipú HVDC Transmission System. 10 Years Operational Experience[J]. V SEPOPE, Recife, Brasil, 1996.

[62] 范园园. 孤岛高压直流送出频率特性研究[D]. 北京:华北电力大学, 2013.

[63] 李华,史可琴,范越,等. 电力系统稳定计算用水轮机调速器模型结构分析[J]. 电网技术,2007,05:25-28,33.

[64] 徐广文，张海丽. 电力系统稳定分析用水轮机调节系统模型研究[J]. 水电能源科学, 2011, 29(11): 162-163.

[65] 王官宏,濮钧,陶向宇,等. 电力系统稳定计算用国产 700 MW 水轮机调节系统建模及参数测试[J]. 电网技术,2010,03:101-105.

[66] 李悝,张靖,孙海顺,等. 水轮机及其调速系统建模与参数辨识方法[J]. 水电能源科学, 2006,04:79-82,101.

[67] 刘昌玉、李崇威、洪旭钢，等. 基于改进粒子群算法的水轮机调速系统建模[J]. 水电能源科学, 2011, 29(12): 124-127.

[68] 李超顺,周建中,安学利,等. 基于 T-S 模糊模型的水轮机调节系统辨识[J]. 武汉大学学报(工学版),2010,01:108-111.

[69] 王淑青,李朝晖. 基于自适应模糊神经网络的水轮机特性辨识研究[J]. 武汉大学学报(工学版),2006,02:24-27.

[70] 方红庆, 沈祖诒. 基于改进粒子群算法的水轮发电机组 PID 调速器参数优化[J]. 中国电机工程学报, 2005, 25(22): 120-124.

[71] Dorf R C. Modern Control System(11th edition)[M]. Pearson Education, Inc. 2011.

[72] 王涛,余向阳,辛华,等. 基于协同进化算法的水轮机模糊 PID 调节系统模糊规则的研究[J]. 水力发电学报, 2007, 26(2): 137-142.

[73] 吴罗长, 余向阳, 南海鹏, 等. 考虑非线性的水轮机调节系统协同进化模糊 PID 仿真[J]. 西北农林科技大学学报 (自然科学版), 2013, 41(9): 229-234.

[74] 陈帝伊,杨朋超,马孝义,等. 水轮机调节系统的混沌现象分析及控制[J]. 中国电机工程学报,2011,14:113-120.

[75] 陆桂明, 刘雪枫, 张运哲. 水力机组仿射非线性预测控制研究[J]. 水力发电学报, 2013 (1): 269-275.

[76] 凌代俭. 水轮机调节系统分岔与混沌特性的研究[D]. 南京:河海大学,2007.

[77] Konidaris D N, Tegopoulos J A. Investigation of oscillatory problems of hydraulic generating units equipped with Francis turbines[J]. Energy Conversion, IEEE Transactions on, 1997,

12(4): 419-425.

[78] 马震岳. 水轮发电机组动力学[M]. 大连:大连理工大学出版社, 2003.

[79] Parker T S, Chua L. Practical numerical algorithms for chaotic systems[M]. Springer Science & Business Media, 2012.

[80] 凌代俭, 沈祖诒. 水轮机调节系统的非线性模型, PID 控制及其 Hopf 分叉[J]. 中国电机工程学报, 2005, 25(10): 97-102.

[81] 凌代俭, 沈祖诒. 考虑饱和非线性环节的水轮机调节系统的分叉分析[J]. 水力发电学报, 2007, 26(6): 126-131.

[82] Ling D, Tao Y. An analysis of the Hopf bifurcation in a hydroturbine governing system with saturation[J]. Energy Conversion, IEEE Transactions on, 2006, 21(2): 512-515.

[83] Hannett L N, Feltes J W, Fardanesh B, et al. Modeling and control tuning of a hydro station with units sharing a common penstock section[J]. Power Systems, IEEE Transactions on, 1999, 14(4): 1407-1414.

[84] Zhang H, Chen D, Xu B, et al. Nonlinear modeling and dynamic analysis of hydro-turbine governing system in the process of load rejection transient[J]. Energy Conversion and Management, 2015, 90: 128-137.

[85] Chen D, Ding C, Ma X, et al. Nonlinear dynamical analysis of hydro-turbine governing system with a surge tank[J]. Applied Mathematical Modelling, 2013, 37(14): 7611-7623.

[86] Xu B, Chen D, Zhang H, et al. Modeling and stability analysis of a fractional-order Francis hydro-turbine governing system[J]. Chaos, Solitons & Fractals, 2015, 75: 50-61.

[87] Chand J. Auxiliary power controls on the Nelson River HVDC scheme[J]. Power Systems, IEEE Transactions on, 1992, 7(1): 398-402.

[88] Taylor C W, Lefebvre S. HVDC controls for system dynamic performance[J]. Power Systems, IEEE Transactions on, 1991, 6(2): 743-752.

[89] Thio C V. Nelson River HVDC Bipole-Two Part I -System Aspects[J]. Power Apparatus and Systems, IEEE Transactions on, 1979 (1): 165-173.

[90] 张少康, 李兴源, 王渝红. HVDC 附加控制策略对频率稳定性的影响研究[J]. 电力系统保护与控制, 2011, 39(19): 100-103.

[91] 张爱玲, 李少华, 张崇见, 等. "风火打捆"孤岛特高压直流送端电压和频率控制[J]. 电力系统及其自动化学报, 2015, 27(3): 29-35.

[92] IEEE working group. IEEE Guide for Planning DC Links Terminating at AC Locations Having Low Short-Circuit Capacities[J]. 1997.

[93] 杨秀, 陈鸿煜. 高压直流输电系统电压稳定性研究综述[J]. 华东电力, 2006, 34(10): 10-13.

[94] 李兴源, 赵睿, 刘天琪, 等. 传统高压直流输电系统稳定性分析和控制综述[J]. 电工技术学报, 2013, 28(10): 288-300.

[95] 刘益青, 陈超英, 梁磊, 等. 电力系统电压稳定性的动态分析方法综述[J]. 电力系统

及其自动化学报, 2003, 15(1)：105-108.

[96] 仲悟之. 大型电力系统小干扰稳定性分析方法研究和软件开发[D]. 北京：中国电力科学研究院, 2005.

[97] 关宏亮. 大规模风电场接入电力系统的小干扰稳定性研究[D]. 北京：华北电力大学, 2008.

[98] 马玉龙. 高压直流输电系统的稳定性分析[D]. 北京：华北电力大学, 2006.

[99] 徐东杰. 互联电力系统低频振荡分析方法与控制策略研究[D]. 北京：华北电力大学, 2004.

[100] 王官宏. 原动机调节系统对电力系统动态稳定影响的研究[D].北京：中国电力科学研究院,2008.

[101] 苏玲. 微网控制及小信号稳定性分析与能量管理策略[D].北京：华北电力大学,2011.

[102] 王康，金宇清，甘德强，等. 电力系统小信号稳定分析与控制综述[J]. 电力自动化设备, 2009(5)：10-19.

[103] 李季. 含风电场的电力系统的电压稳定性的分岔研究[D]. 天津：天津大学, 2013.

[104] 赵兴勇. 基于分岔理论的电力系统电压稳定性研究[D].上海：上海交通大学,2008.

[105] 范孟华. 基于域、分岔以及递归投影方法的电力系统稳定性分析[D]. 天津：天津大学, 2010.

[106] 高文，荣红，蔡卫江. ±800 kV 直流孤岛方式下小湾调速系统控制策略研究及应用[J]. 水电自动化与大坝监测, 2013(2)：27-31.

[107] 郑智燊，梁朝弼. 水电站孤岛运行双极闭锁发生时系统频率稳定方法[J]. 中国水能及电气化, 2012(10)：33-37.

[108] 邹吉林，张广涛，郑小贺. 溪洛渡电站右岸电站水轮发电机组调速控制系统建模与试验研究报告[R], 2015.

[109]《现代电气工程师实用手册》编写组. 现代电气工程师实用手册[M]. 北京：中国水利水电出版社, 2014.

[110] 何仰赞. 电力系统分析[M]. 武汉：华中科技大学出版社, 2002.

[111] 印永华，郭剑波，赵建军. 美加"8·14"大停电事故初步分析以及应吸取的教训[J]. 电网技术, 2003, 27(10)：8-11.

[112] U.S.-Canada Power System Outage Task Force. U.S.-Canada Power System Outage Task Force[J]. Cybercemetery, 2004.

[113] Staff I S. Spectral lines：the unruly grid：One year later[J]. IEEE Spectrum, 2004, 41(8)：8.

[114] 李再华，白晓民，丁剑，等. 西欧大停电事故分析[J]. 电力系统自动化, 2007, 31(1)：1-3.

[115] Machowski J, Bialek J W, Bumby J R. Power System Dynamics. Stability and Control[M]. John Wiley, 2012.

[116] 和萍. 大规模风电接入对电力系统稳定性影响及控制措施研究[D].广州：华南理工大

学,2014.

[117] 仲悟之,宋新立,汤涌,等. 特高压交直流电网的小干扰稳定性分析[J]. 电网技术,
2010(3):1-4.

[118] Leon S J. Linear algebra with applications(8th edition)[M]. Pearson Education, Inc. 2010.

[119] Hahn W. Stability of motion[M]. Berlin: Springer, 1967.

[120] Khalil H K. Nonlinear Systems(3rd edition)[M]. Pearson Education, Inc. 2011.

[121] Ogata K. Modern Control Engineering (5th edition)[M]. Pearson Education, Inc. 2011.

[122] Verghese G C, Perez-Arriaga I J, Schweppe F C. Selective modal analysis with applications
to electric power systems, Part II: The dynamic stability problem[J]. Power Apparatus and
Systems, IEEE Transactions on, 1982 (9): 3126-3134.

[123] 王建辉,顾树生. 自动控制原理[M]. 北京:清华大学出版社,2014.

[124] 罗承廉,纪勇,刘遵义. 静止同步补偿器(STATCOM)的原理与实现[M]. 北京:中国
电力出版社, 2005.

[125] Report I. Dynamic models for steam and hydroturbines in power system studies[J]. Power
Apparatus and Systems, IEEE Transactions on, 1973 (6): 1904-1915.

[126] 方红庆. 水力机组非线性控制策略及其工程应用研究[D]. 南京:河海大学, 2005.

[127] 廖忠. 小波网络及其在水轮机调节系统中的应用研究[D]. 南京:河海大学, 2005.

[128] Fang H, Chen L, Dlakavu N, et al. Basic modeling and simulation tool for analysis of
hydraulic transients in hydroelectric power plants[J]. Energy Conversion, IEEE Transac-
tions on, 2008, 23(3): 834-841.

[129] Zhang G, Cheng Y, Lu N. Research on Francis Turbine Modeling for Large Disturbance
Hydropower Station Transient Process Simulation[J]. Mathematical Problems in Engineer-
ing, 2015: 1-10.

[130] Demello F P, Koessler R J, Agee J, et al. Hydraulic-turbine and turbine control-models for
system dynamic studies[J]. IEEE Transactions on Power Systems, 1992, 7(1): 167-179.

[131] Chaudhry M H. Applied hydraulic transients[M]. Berlin: Springer, 2014.

[132] 常近时,白朝平,寿梅华. 天生桥二级水电站水轮机装置甩负荷过渡过程的动态特
性[J]. 水力发电, 1995(7):35-38.

[133] 刘延泽,常近时. 灯泡贯流式水轮机装置甩负荷过渡过程基于内特性解析理论的数值
计算方法[J]. 中国农业大学学报, 2008, 13(1): 89-93.

[134] 黄伟德,樊红刚,陈乃祥. 管道瞬变流和机组段三维流动相耦合的过渡过程计算模
型[J].水力发电学报, 2013, 32(6): 262-266.

[135] 程远楚,叶鲁卿,蔡维由. 水轮机特性的神经网络建模[J]. 华中科技大学学报(自然
科学版).2003, 31(6):68-70.

[136] Chang J, Zhong J. Nonlinear simulation of the Francis turbine neural network model[C]//
Machine Learning and Cybernetics, 2004. Proceedings of 2004 International Conference on.
IEEE, 2004, 5: 3188-3191.

[137] Krause P C, Wasynczuk O, Sudhoff S D, et al. Analysis of electric machinery and drive systems[M]. John Wiley & Sons, 2013.

[138] Kimbark E W. Direct current transmission[M]. John Wiley & Sons, 1971.

[139] Padiyar K R. Stability of converter control for multiterminal HVDC systems[J]. IEEE Transactions on Power Apparatus & Systems, 1985, pas-104(3):690-696.

[140] Ekström Å, Liss G. A refined HVDC control system[J]. Power Apparatus and Systems, IEEE Transactions on, 1970 (5): 723-732.

[141] Petroson H A, Krause Jr P C. A direct-and quadrature-axis representation of a parallel AC and DC power system[J]. Power Apparatus and Systems, IEEE Transactions on, 1966 (3): 210-225.

[142] Hahn C, Semerow A, Luther M, et al. Generic modeling of a line commutated HVDC system for power system stability studies[C]//T&D Conference and Exposition, 2014 IEEE PES. IEEE, 2014: 1-6.

[143] Borowy B S, Salameh Z M. Dynamic response of a stand-alone wind energy conversion system with battery energy storage to a wind gust[J]. IEEE Transactions on Energy Conversion, 1997, 12(1):73-78.

[144] Sudhoff S D, Wasynczuk O. Analysis and average-value modeling of line-commutated converter-synchronous machine systems[J]. Energy Conversion, IEEE Transactions on, 1993, 8(1): 92-99.

[145] Alt J T, Sudhoff S D, Ladd B E. Analysis and average-value modeling of an inductorless synchronous machine load commutated converter system[J]. Energy Conversion, IEEE Transactions on, 1999, 14(1): 37-43.

[146] 克里夫琴科. 水电站动力装置中的过渡过程[M].常兆堂，周文通，吴培豪，译. 北京：水利出版社,1981.

[147] Varberg D, Purcel E J, Rigdon S E.Calculus[M].9th edition. Pearson Education, Inc. 2007.

[148] 何青，王丽芬. MAPLE 教程[M].北京:科学出版社, 2006.

[149] 宋敏，郭靖，胡建秋. 溪洛渡电站水轮机结构设计[J]. 东方电机, 2011, 39(3): 1-6.

[150] 钟滔. 溪洛渡水电站主变压器选型[J]. 水电站设计, 2004, 20(3): 6-10.

[151] 吴增泊. ±500 kV 直流干式平波电抗器设计及计算分析[D].北京:华北电力大学, 2014.

[152] 陈冰，徐伟，李志泰. 溪洛渡送电广东±500 kV 同塔双回直流输电线路反击耐雷性能的研究[J]. 广东输电与变电技术, 2009, 11(5): 1-5.

[153] 南方电网公司. 溪洛渡换流站无功补偿及无功控制专题研究[R]. 2012.

[154] Wolfram Mathematica10.2 帮助文档, http://reference. wolfram. com/language/ref/Solve. html.

[155] Gen M, Cheng R. Genetic algorithms and engineering optimization[M]. John Wiley & Sons,

2000.

[156] 张雷. 计算智能理论与方法[M]. 北京:科学出版社, 2013.

[157] 郭小江, 马世英, 卜广全, 等. 直流系统参与电网稳定控制应用现状及在安全防御体系中的功能定位探讨[J]. 电网技术, 2012, 36(8): 116-123.